「宿命を背負う巨人」は生まれ変わるか

NTTの叛乱

堀越功

日経BP

もくじ

第3章 ▼ インターネットの次……111

第4章 ▼ 亀裂……153

第5章 ▼ 叛乱の真意……205

序章

「普通の会社になりたい」

34万人を束ねるトップの言葉

年の瀬が迫る2023年12月末、筆者は国内有数の34万人の従業員を抱える企業のトップ、NTT持ち株会社の島田明社長と向かい合っていた。

そこで聞いたのがこんな言葉だった。

「普通の会社になりたい。普通の会社になるべきです。いろんな規制があるということは、自分たちの活動範囲を狭め、社員のマインドセットに影響します。もちろん公正競争はきちんと担保します。我々は『企業性』もありますが、『公共性』も持っている会社です。日本の産業を育てていくには、情報通信の基盤は非常に重要。それを高度化させていくことはNTTの責務です」

2022年6月にNTT持ち株会社の社長に就いた島田氏は、温和な人格者として知られる。しかし冗談めかして話す時も目は決して笑わない。そこに巨大企業を背負う経営者としてのすごみを感じる。

ＮＴＴは、日本人であれば知らない人がいない大企業だろう。正式名称は日本電信電話株式会社。独占的に国内通信サービスを提供していた日本電信電話公社という公社をルーツに持つ。１９８５年に民営化されて新たに生まれ変わった。２０２５年に民営化40周年という節目の年を迎える。

島田明氏（撮影：加藤康）

ＮＴＴは、日本株で時価総額トップテンに必ずランクインする国内産業を代表する企業だ。かつては世界の時価総額ランキングでトップに立ったこともある。そんな会社のトップが「普通の会社になりたい」とは、一般的な感覚からすれば奇異に映るかもしれない。ＮＴＴは普通の会社ではないのか。一体何を言っているのか――。

「普通の会社になりたい」という発言は、聞く人が聞けば不快感を抱くかもしれない。公社時代からの通信インフラ設備と顧客基盤を引き継ぎ、今では13兆円という売上高を誇る恵まれた企業であるにもかかわらず、「普通の会社になりたい」とは、日本の通信インフラを担う責任と自覚を放棄するのか、と――。

「変わりたい」という強い意志

一方でNTTは、普通の会社ではないのも事実だ。グループを束ねる司令塔であるNTT持ち株会社、そして地域通信事業を担うNTT東日本、NTT西日本は、国によって目的や業務範囲を制限された特殊会社である。そしてこれらNTTの企業としての目的や業務範囲を規制しているのが「日本電信電話株式会社等に関する法律」、通称NTT法である。

NTT法は、日本電信電話公社が民営化するに当たって1984年に制定された法律だ。2024年4月にその一部が改正されるが、国民にとって不可欠である電話サービスを全国津々浦々あまねく提供すること、そして様々な研究の推進及び成果の普及という、2つの大きな責務をNTTに課してきた。NTT法は、公社時代に担っていた通信サービスの公共的な役割を、民営化後も担わせるための法律と捉えてよいだろう。

電話をはじめとする通信サービスは、国民生活や社会経済活動に不可欠なサービスである。国にとっての神経網であることに加えて、民主主義を支える基盤としての役割もある。そこでＮＴＴ法の第三条ではＮＴＴに対し、電話をあまねく全国に、公平かつ安定的に提供する責務を課している。いわゆる電話のユニバーサルサービス責務だ。ＮＴＴ法によって責務を課されたＮＴＴ東西が提供する固定電話は、どんなに赤字でもＮＴＴの一存で提供をやめることができない。非常に重い責務だ。民営化に伴ってＮＴＴが営利追求のみに走ることがないよう、ＮＴＴ法がくびきとして機能している。

ＮＴＴ法では、この他にも様々な制約をＮＴＴに課している。ＮＴＴ持ち株会社の株式の3分の1以上を政府が保有することもその1つだ。政府が安定株主になることで、特定の者に経営が支配され、公共性がないがしろにされることを防ぐためだ。これまでＮＴＴ持ち株会社の取締役の選解任や事業計画などが総務相の認可事項になっていた点も、公共性を確保する狙いからである。

冒頭の「普通の会社になりたい。普通の会社になるべきだ」という島田社長の言葉は、ＮＴＴ自身が、ＮＴＴ法のくびきを外してほしいと訴えていることに他ならない。普通の会社のように、経営陣の意思決定に基づいて取締役を選任したり解任したりし、企業として成長したいということだ。

振り返ってみると、ＮＴＴがここまで積極的に自らを変えたい、変わりたいと「攻め」の意思表示をするのは初めてではないか。

かつては不振を「装う」不思議な会社

筆者は２００４年に通信専門誌「日経コミュニケーション」（２０１７年休刊）の記者になって以来、約20年間、通信業界の取材を続けてきた。過去20年の取材活動において、ＮＴＴはあらゆるテーマで大きな存在だった。ＮＴＴは昔も今も、日本の情報通信市場の太い幹としてそびえ立つ。

筆者が通信業界を取材し始めた約20年前のＮＴＴは、その組織力を駆使して現状維持に力を注ぐような、極めて内向きな組織だった。さらにいえば、政府による規制強化を回避するために、必要以上に不振を装うような不思議な会社だった。

例えばリーマン・ショックによってトヨタ自動車など日本の自動車産業が大打撃を受けた２００８年から２００９年にかけて、ＮＴＴは営業利益で国内首位に立った。そんな時でさえ、当時のNTT持ち株会社のトップは「電話の契約数の減少に歯止めがかからない」「電話の減収をカバーする新事業が育っていない」といった具合に、自社のマイナス面を強調していた。

NTTは、莫大な利益を上げればもうけすぎと批判を浴び、シェアが拡大すれば総務省から厳しい規制をかけられる。当時のNTTにとっては、勝ちすぎて厳しい規制をかけられるよりも、ほどほどのシェアで現状維持を図るほうが賢い選択だったのだ。当時の業界関係者の多くは、決して苦しい状況ではないにもかかわらず、不振を装うNTTの姿勢について、規制強化をかわすための〝演出〟と冷ややかに見ていた。

それもそのはず。約20年前のNTTは売り上げのほとんどを国内市場のビジネスが占めており、国内通信市場における規制強化が、そのまま売り上げの減少に直結するおそれがあったからだ。さらに当時、総務省において2010年に、NTTの組織のあり方を検討する予定が控えていた。NTTが何よりも避けたかったのが、グループの解体などにつながる組織問題の議論だった。それをうまく乗り切るためにも、営業利益で国内首位に立ったとしても極力目立たず、不振を装うほうがよかったのだ。

だが普通の会社からすれば、これだけの利益を稼いでおきながら不振を装うなど、常識的には考えられない。日本の経済成長の視点から見ても、日本有数のヒト・モノ・カネを持つ情報通信産業のトップ企業が、「ほどほど」のシェアでとどまるように実力を抑えていたのだとすれば、それは日本経済にとっての大きな損失ではないか。

1989年に時価総額で世界首位に上り詰めたNTTだが、2000年代半ば以降、米アップルや米アルファベット（グーグルの持ち株会社）や米アマゾン・ドット・コムなどに軒並み追い抜かれていった。GAFAをはじめとした米巨大テック企業は、IT（情報技術）サービスの分野で次々と日本市場を席巻し始めた。財務省の調べによると、こうした米巨大テック企業などへの日本からの支払いは近年、大幅に増えており、2023年度のいわゆる「デジタル赤字」は、約5・5兆円と5年で約1・7倍にも膨らんだ。

NTTが内向き志向にとらわれ、不振を装ううちに、米巨大テック企業に市場の多くを奪われてしまったという見方もできる。NTTが、日本の情報通信市場を引っ張っていく自覚を持ち海外勢に伍していくような行動を見せていれば、日本経済がその後に陥った停滞を少しでも防げたのではないか。少なくとも当時のNTTには、今のGAFAに対抗できる存在になるポテンシャルはあったはずだ。

内向き志向から「攻め」に転じる

2000年代半ばから約20年が経過した今、NTTは、そんなかつての内向き志向から変わりつつある。矢継ぎ早に経営改革を進め、「守り」から「攻め」の姿勢へと転じている。島田社長は筆者にこのように語る。

「今は未来がよく見えない不確実性の時代です。社会に対するサステナビリティー（持続可能性）と環境を維持しながら、新しい価値を生み出すことを我々の事業の中心に置き、再生可能エネルギーやデータセンターなどビジネスのポートフォリオを様々な領域へと広げていくべきだと考えています。約40年前に収益の80%以上を占めていた音声通話収入は、現在では固定電話と携帯電話を含めて15%以下まで減っています。徐々に事業ポートフォリオを変化させていく必要があります」

NTTというといまだに電話の会社としてイメージする人も多いだろう。だが今のNT

Tはシステム構築から再生可能エネルギー、データセンター事業、さらにはデバイスメーカーや宇宙開発など、多様な顔を持つコングロマリットへと急速に変化しつつある。

伝統的な日本企業として「JTC（ジャパニーズ・トラディショナル・カンパニー）」と揶揄（やゆ）されることも多いNTTだが、実はグローバル化も進んでいる。NTTは、2010年代以降、海外企業を相次ぎ買収したことで、今や34万人の社員のうち、海外従業員比率は4割超まで拡大している。売上高でいうと全体の約2割が海外の売り上げだ。「官僚よりも官僚的」と言われてきた年次主義の人事制度も、2023年春に完全撤廃した。

NTTが矢継ぎ早に経営改革を進めている理由は、従来型の通信ビジネスだけではこの先、成長が厳しくなるという危機意識からだ。主力の通信サービスはコモディティー化し、成長鈍化に直面する。光回線数の純増は止まり、携帯電話サービスの通信収入も値下げの影響から減収が続く。かつてのように国内市場でそこそこのシェアを維持していればよいという状況は一変しつつあるのだ。

突如浮上した「NTT法見直し」の議論

そんなNTTの「攻め」の最たるものが、2023年半ばに突如浮上したNTT法見直しの議論だ。今後5年で43兆円と大幅に増額を見込む防衛力強化に向けて自民党の特命委員会が進めた財源確保の検討において、財源候補の1つとして政府が保有するNTT株の売却が俎上(そじょう)に載せられたのだ。

自民党の特命委員会は2023年6月、NTT法について「通信手段が高度化・多様化し、国際競争も激しくなっている中で、これらの義務を維持し続けることについて検討の余地がある」と指摘。政府が保有するNTT株をすべて売却する「完全民営化」の選択肢も含め、NTT法のあり方について速やかに検討すべきだとする提言をまとめた。ここに業界を二分する激しい論争の火蓋(ひぶた)が切られた。

NTTは2023年半ばから始まった論争において、「NTT法は結果的にいらなくなる」という論陣を張った。NTTに公共的な役割を担わせるためのくびきであるNTT法について「役割はおおむね完遂した」と指摘。時代遅れになった項目の撤廃や、他の法律への統合を求めたのだ。

島田社長は筆者に対し、このように念押しをする。

「NTT法は、約40年前の市場環境に基づいてつくられています。今の状況に合った形に法体系をつくり直すべきです。諸外国は約20年前にこの議論を進めました。古いものを残すのではなく、新しい法体系をつくるべきです」

これはNTTの叛乱だ――。筆者はこのように捉えた。

かつてのNTTであれば、規制強化こそ全力で回避するものの、自らの存在意義そのものに関わるNTT法について、見直しを求めるような行動に出ることはなかった。それだけNTT法は、日本の通信市場において、金科玉条のごとく存在することが当たり前の法律だった。NTTがその禁を犯すような大胆な行動を取るとは、筆者は想像すらしなかった。逆に言えば、それだけNTTが「攻め」の姿勢へ転じていることの表れではないか。

NTT法は昭和の遺物か、国内通信の砦(とりで)か

だがNTTの一存だけで、NTT法を不要にすることはできない。NTT法は、国内通信市場の競争環境を担保する上でも重要な役割を担っているからだ。

KDDIの髙橋誠社長は、総務省で2023年12月に開催されたNTT法の見直しに関するヒアリングにて、強い口調でこう異議を訴えた。

「限られた関係者の議論でまとめられたNTT法廃止ありきの自民党提言は納得できるものではない。廃止を前提とすることには強い違和感がある」

自民党の政調審議会は2023年12月、半年間の議論を踏まえたNTT法のあり方についての提言を公表した。提言ではNTT法について、速やかに撤廃可能な項目については2024年の通常国会で、それ以外の項目については、通信市場全体を規律する電気通信事業法改正などを講じた上で、2025年の通常国会を目途にNTT法を廃止することを

求めた。自民党の提言はＮＴＴの主張をおおむね反映した内容になっていた。

髙橋社長は「ＮＴＴは電電公社時代から受け継いだ全国の土地や局舎、電柱、管路などの『特別な資産』を持つ。ＮＴＴの特殊性を考慮した上で、ＮＴＴのあり方について再度議論していただきたい」と強調した。

同じヒアリングに参加したソフトバンクの宮川潤一社長も「ＮＴＴは唯一無二の国家基盤を持つ。『ＮＴＴ法の役割は完遂した』というＮＴＴの意見にぞっとした。当事者意識が希薄になっている。ＮＴＴ法の役割から退きたいのであれば、（ＮＴＴ東西が持つ線路敷設基盤や光回線などの）アクセス部門を別会社化し、通信4社（ＮＴＴ、ＫＤＤＩ、ソフトバンク、楽天モバイル）で共同経営してはどうか」とぶち上げた。

ＫＤＤＩやソフトバンクなど競合他社がＮＴＴ法廃止に猛反発する理由は、国内の多くの通信事業者が、ＮＴＴ東西の持つ光回線に依存して自社サービスを提供しているからである。例えば携帯電話サービスの提供に必要な基地局と局舎を結ぶ回線は、設備開放を義務付けられたＮＴＴ東西の光回線を活用する事業者がほとんど。競合他社はＮＴＴ法が廃止されることで、自社の今後を揺るがす事態になりかねないと警戒する。

そしてＫＤＤＩやソフトバンクなどが最もおそれるのが、ＮＴＴ法廃止によって、光回線基盤を持つＮＴＴ東西とＮＴＴドコモが統合する可能性だ。ＮＴＴ法は、ＮＴＴ持ち株会社とＮＴＴ東西の業務範囲を規制している。これによって、ＮＴＴ東西とＮＴＴドコモの合併などを防いでいる。ＮＴＴ法が廃止されると、こうした歯止めがなくなってしまい、ＮＴＴが独占回帰するおそれがあるとしたのだ。通信料金の高止まりやサービスの高度化・多様化が停滞し、国益や国民生活へ大きな影響が生じると、ＫＤＤＩやソフトバンクは訴えた。

ＮＴＴと競合事業者の間で意見が真っ向から対立したＮＴＴ法見直しの議論。ＮＴＴ法は、ＮＴＴが主張するように、約40年前の市場環境に基づいてつくられた昭和の遺物なのか。それともＫＤＤＩやソフトバンクなどが訴えるように、国内通信の公正競争を担保する最後の砦（とりで）なのか。ＮＴＴは当事者意識が薄れ、公共性をないがしろにしようとしているのか。

こうした意見の対立を招いているのは、ＮＴＴがどこまで行っても、日本の情報通信産業を代表する企業として成長を求められる「企業性」と、国内の通信を公平かつ安定的に提供し、公正競争の土台となる「公共性」の両面を期待される宿命を背負っているからである。

本書では大きな変化の真っただ中にある巨大企業ＮＴＴの姿を描き、日本の情報通信産業のあるべき姿を展望してみたい。

ＮＴＴが宿命として背負う「企業性」と「公共性」は、果たして両立できるものなのか。そして「普通の会社になりたい」というＮＴＴは、どこに向かおうとしているのか。まずは大胆な経営改革を矢継ぎ早に実行する、ＮＴＴの現在の姿に迫る。

❖
❖
❖
❖
❖

第1章

破壊者たち

NTT史上最速の新会社立ち上げ

わずか3カ月で新会社設立――。スタートアップや競争が激しい人工知能（AI）関連の企業であれば驚くことではない。しかしこれが、従業員数約34万人で、「何をやっても遅い」と言われた巨艦NTTのことだとすると、驚く人もいるかもしれない。

その新会社とは、NTTと京都大学発スタートアップのリージョナルフィッシュ（京都市）が共同出資して2023年にスタートした「NTTグリーン&フード」だ。ゲノム編集によって品種改良した魚介類を陸上養殖によって生産する事業を計画する。同年7月に事業を開始し、同年10月には静岡県磐田市のスズキ部品製造の工場跡地を利用し、敷地面積約1・3万㎡という国内最大級のエビ養殖場を建設する計画を発表した。NTTグループで新事業開拓を期待される新会社だ。

NTTグリーン&フードの代表取締役を務める久住嘉和氏は、2022年12月、NTTの島田明社長からこんな言葉を投げかけられた。

「このリージョナルフィッシュっていう会社、面白いな。共同で企画会社をつくってまずはプロモーションを始めたらどうだ？」

そのわずか3カ月後に企画会社を立ち上げ、さらに4カ月後には共同出資による事業会社をスタートした。「NTT史上最速」と言われるスピードだった。

久住氏は1995年、NTTに入社した。PHSの設計・構築や国際事業などに携わった後、2014年からNTT持ち株会社の研究企画部門で新規事業を担当してきた。新規事業を担当する際に思い出したのが、学生時代に抱いていた水や食料などの資源に関する問題意識だった。久住氏は、かつて世界1位だった日本の水産業が2016年には8位までに後退し、生産量も最盛期の3分の1まで落ち込んでいる事実を知る。このままでは日本人にとって主要なタンパク質の摂取源である魚介類の供給が落ち込み、2025年には需要が供給を上回る「タンパク質クライシス」に直面する――。そんな危機感を抱いた。

実は久住氏の実家は寿司店を経営しており、小さいころから魚を食べて育ってきた。魚介類への思いは人一倍大きかった。こうして久住氏は、新規事業として魚介類の「スマート養殖」に取り組み、タンパク質クライシスを解決していくことを決意する。

　とはいえ当時のＮＴＴグループ内には魚介類の養殖に関するノウハウは皆無。新規事業を立ち上げるにはイノベーションを起こせそうなスタートアップと組むのが近道だった。そんな中、政府系ファンドであるＩＮＣＪ（旧産業革新機構）の知り合いから梅川忠典氏を紹介される。梅川氏はデロイトトーマツコンサルティングやＩＮＣＪを経て、魚のゲノム編集を手掛けていた京都大学の木下政人准教授や近畿大学の家戸敬太郎教授と共同でリージョナルフィッシュを立ち上げたところだった。

　リージョナルフィッシュは、ゲノム編集によってふぐや鯛を太らせて、生産量を向上させるという意欲的な事業に取り組んでいた。久住氏は、梅川氏からリージョナルフィッシュの事業内容を聞き、「人類はなんてすごいことまでやるようになったのだ」と感激する。２人は意気投合し、スマート養殖の実現に向けて共同で実証を進めることを決めた。

　久住氏の中では、リージョナルフィッシュのゲノム編集技術とＮＴＴグループのＩＴ（情報技術）を掛け合わせることで、スマート養殖の分野での勝ち筋が浮かび上がっていた。

魚介類の養殖、特に陸上養殖はコストとの戦いだ。自然界で魚介類を捕る通常の漁業と比べると、陸上養殖はどうしても餌代やエネルギーのコストがかさむ。だがＮＴＴの持つあらゆるモノがネットにつながるＩｏＴ技術や、人工知能（ＡＩ）技術を組み合わせることで極力自動化できる。コストを抑えられることが強みとして見えていた。

こうしてＮＴＴは、関連会社を通じてリージョナルフィッシュに少額出資を進めた。その後、久住氏が島田社長に増資をお願いに行った席で、図らずも新会社立ち上げを打診されたのだった。

トップの島田社長が後押ししたとはいえ、ＮＴＴグループは会議も多く、会社設立に向けて必要なステップも多い。役員に反対されれば、新会社設立もままならない。特に難関となったのが２０２３年３月の企画会社立ち上げの後、本格的な事業会社設立に向けたステップだった。

10人以上いるＮＴＴ持ち株会社の執行役員からは当初、「ゲノム編集でつくった魚など売れるのか？」「危ないのではないか？」という厳しい意見が相次いだという。

いくら紙の資料で説明しても納得してもらうことは難しい――。このように感じた久住氏と梅川氏は、説明よりも実際に体験してもらおうと、執行役員を1人ずつ京都大学に連れていくことにした。ゲノム編集の現場を見てもらうことはもちろん、極めつきはゲノム編集によって丸々と太らせたふぐや鯛を食べてもらうことだった。

「10人以上の執行役員に体験してもらったと思う。京大から帰る時には、誰もが『想像とは違っていた』『おいしかった』と語り、懸念が薄れて応援者になってくれていた」と久住氏は振り返る。

こうして2023年6月、事業会社設立について取締役会に諮り、無事、事業会社としてのNTTグリーン&フードがスタートすることになった。

「これまでのNTTは何でも自前でやろうとしてきた。だが澤田純会長と島田社長の体制に変わって、『これまでの慣例を捨てろ。いいものは徹底的に真似たり、組んだりすればいい』と、スピード感を重視するようになった。本当にこの会社は変わった」

入社30年を迎えた久住氏は目を丸くする。

再生エネルギーからデバイス開発、宇宙事業にも触手

「安定志向でスピード感に欠ける」「調整ばかりでなかなか話が進まない」、はたまた「石橋を叩いて渡らない」――。

従業員数約34万人の巨艦ＮＴＴは、周囲からこのような印象を持たれてきた。だがわずか３カ月で新会社を立ち上げたＮＴＴグリーン＆フードのように、ここに来て急速にスピード感を重視した経営にかじを切りつつある。

事業領域もこれまでの通信事業者の枠組みを大きく超える領域へと広がっている。

現在の主力会社は、地域通信事業を担うＮＴＴ東日本と西日本、モバイルを中心に総合ＩＣＴ（情報通信技術）事業のＮＴＴドコモグループ、グローバル・ソリューション事業のＮＴＴデータグループだ。これまでＮＴＴの主力事業は、固定電話から携帯電話やブロードバンドサービス、そしてグローバルビジネスへと緩やかに移行してきた。

それがここに来て、再生可能エネルギー事業を手掛けるＮＴＴアノードエナジーや不動

産事業のＮＴＴアーバンソリューションズ、デバイスメーカーであるＮＴＴイノベーティブデバイス、さらには宇宙開発を手掛けるスペースコンパスといった具合に、続々と新会社を立ち上げているのである。

例えば再生可能エネルギーの分野。２０２３年８月には、電力事業を手掛けるＮＴＴアノードエナジーが、国内火力発電最大手のＪＥＲＡ（東京・中央）と共同で、再生可能エネルギーを手掛けるグリーンパワーインベストメント（ＧＰＩ、東京・港）を２５６０億円で買収した。グループ全体で再生可能エネルギーを含む事業分野で５年間に１兆円超を投資する計画だ。

海外データセンターにも積極投資する。世界のデータセンター市場で３位の事業をさらに強化すべく、今後５年間で１・５兆円超を投資する計画を示す。

２０２３年６月には、デバイスメーカーであるＮＴＴイノベーティブデバイスも本格的に業務を開始した。ＮＴＴグループが取り組む次世代情報通信基盤「ＩＯＷＮ（アイオン）」の要となる光電融合デバイスの開発・製造・販売を一手に担う、戦略的な子会社だ。

２０２３年５月にはこれら成長分野に、今後５年で約８兆円を投資するという新中期経

成長分野に5年で8兆円投資

金融・決済など **1兆円**以上	**工場DX**など **3兆円**以上
データセンターなど **1.5兆円**以上	**太陽光・風力発電**など **1兆円**以上

2023年5月「新中期経営戦略」より

営戦略を発表した。

島田社長は「現在のような不確実性の時代には、様々な領域にポートフォリオを広げる必要がある。すべての分野で１００％うまくいくとは思っていない。うまくいかない分野は、素早く手じまいすることも考えている」と語る。

島田氏の発言からは、ＮＴＴがネット企業などに見られる短期間で検討と改善を繰り返す「アジャイル」型のアプローチを取り入れようとしていることが見えてくる。従来型の通信ビジネスが安定的に収益を稼ぎ出していた時代のＮＴＴからすると、大きなアプローチの転換だ。島田氏をはじめとするＮＴＴグループの幹部の間には、従来型の通信ビジネスに頼ったままでは成長が厳しくなるという危機意識がある。事業ポートフォリオを変化させ成長の種まきをしなければ、巨艦NTTといえども先行きが厳しくなるということだ。

NTTに「火をつける」

序章で触れた通り、かつてのNTTは変化を嫌い、その組織力を駆使して現状維持に力を注ぐような極めて内向きな組織だった。そんなNTTが現在のようなスピード感を重視する経営に明確に変わったのは2018年6月、NTT持ち株会社の社長に現会長の澤田純氏が就いてからだ。

澤田氏は、社長に就くや否や、グループで分散していたグローバル事業の再編を断行。その後も、不動産や電力分野の事業の本格な立ち上げや、次世代情報通信基盤である「IOWN」構想の発表、そしてNTTドコモの完全子会社化など、4年の任期中、大胆な改革を矢継ぎ早に実行した。保守的なNTTグループの空気を一変したことから「破壊者」とも呼ばれた。

筆者は澤田氏が社長に就いていた時期、日本経済新聞社でNTTグループを担当していた。新聞記者にとって、自分が担当する企業のニュースを他紙に先に書かれることは大失態となる。タブー知らずの澤田氏が次に何を繰り出してくるのか。筆者は毎日ビクビクしながら、澤田氏をはじめとして多くの関係者に取材を続けていたことを思い出す。

ＮＴＴグループ全体のギアをシフトした澤田氏とは一体どんな人物なのか。

「とにかくせっかち。即断即決。『走りながら考えろ』が合言葉」「将来を先読みしながら経営戦略を繰り出すビジョナリー」「大胆である一方、綿密に進捗管理もする合理主義者」――。ＮＴＴグループの経営幹部からは、このような澤田氏の評が伝わってくる。

澤田純氏（撮影：加藤康）

澤田氏は社長就任時、ＮＴＴをどのように変えようと考えていたのか。筆者の取材に対して、澤田氏は以下のように振り返る。

「ＮＴＴグループは、設備や顧客基盤、研究開発の能力、社員の潜在能力など大きなポテンシャルを持っている。もともとは電話の会社だったが、その収入は15％まで減っている。自分たちで新しい領域を広げていくマインドが必要。そのためには競争環境をよく知ることが重要だ。会社を変えるためには社員に火をつける必要があった」

澤田氏は１９５５年、大阪府で生まれた。関西出身らしく、明るくおしゃべりで、人たらしな性格だ。１９７８年に京都大学工学部を卒業後、日本電信電話公社（現ＮＴＴ）に入社した。ＮＴＴコミュニケーションズの経営企画部長やＮＴＴ持ち株会社副社長などを経て２０１８年、社長に就任した。

工学部の土木工学出身で、最初の6年間はマンホールや、通信ケーブルを設置するために地下に埋設する管路の設計などに携わった。澤田氏の大胆かつ綿密な経営手法の原点となったのが、29歳の時、兵庫県宝塚市の電話局で線路宅内課課長に赴任した時の経験だ。

線路宅内課とは、その地域にあるケーブルや利用者宅にある電話機などを建設・保守・運用する役割を担う部署のこと。澤田氏は35人の部下を抱える課長として、チームを率いることになった。だがチームで澤田氏よりも年下は2人だけ。あとはみな年上だった。

「課長が何か変えたいと思っても、ワシらは許さんで」

就任早々、澤田氏はチームの古株からこんな言葉を投げかけられたという。「自分たちは腕がよいのに会社はなかなか認めてくれない」と、職人気質で現場叩き上げのメンバーは世をすねており、大卒の若い課長に洗礼を与えたのだ。

会議でも１対35。課長の澤田氏はただ１人、吊し上げられた。現場のメンバーは超過勤務も拒否し、午後５時以降の故障対応は、課長の澤田氏自らが現場に赴いていた。澤田氏にはチームの人心掌握が試されていた。

そんな世をすねていたチームを、澤田氏は活気に満ちたチームに変えた。使ったのは数字、そしてデータだった。

「君ら腕がよいと言うけれどもちっともや。週に建てている電柱は１本じゃないか。全国平均は２〜３本や」

澤田氏はこのように数字を見せて、現場のメンバーに火をつけた。ちょうど全社的に線路宅内課を線路側と宅内側の２つに分ける話が動き出し、近隣の支社や全国平均で何本の電柱を建てているのかといったデータが手に入るようになったのだ。これは面白いと澤田氏は自分でデータを整理して、現場のメンバーに見せたのである。

そこから世をすねていた現場のメンバーが一気にやる気になった。拒否していた超過勤務も率先してやるようになった。要件が終わればすぐに帰社していたメンバーも、ついでに周囲の現場を点検するような働き方に変わった。その結果、澤田氏のチームは、これまでの3倍の成果を出すようになったのである。

職人気質のメンバーとも完全に打ち解けた。夜間勤務の後、4~5人のメンバーが澤田氏の3LDKの社宅に泊まって帰るほどになっていた。

そんな濃縮された宝塚時代だったが、澤田氏は1年2カ月で新たな赴任地へと転勤することになった。「なんでこんなに早く転勤するんだ」。最後には現場のメンバーに惜しまれるほど親しい関係になったという。

144個の課題メモ

澤田氏がNTT持ち株会社の社長に就いた2018年6月、NTT全体をギアチェンジするために取り組んだことも宝塚時代と同様、大胆さと綿密さに基づいて社員に火をつけるというアプローチだった。

最初につけた火が、社長就任とほぼ同時のタイミングでグループ幹部に示した課題メモだ。澤田氏が社長就任前から書きためていたという１４４項目に及ぶＮＴＴグループの課題を、それぞれ担当する経営幹部に提示したのだ。その中には、グローバル事業の再編や、不動産や電力関連事業の集約・強化など、その後の大胆な改革につながった項目がいくつも含まれていた。１４４項目のメモを提示した直後、経営幹部は「はとが豆鉄砲を食らったような状態でぼうぜんとしていた」（関係者）。だがその後、猛烈なスピードで動き出したという。

とはいえ何をやっても遅いと言われてきたＮＴＴグループ。経営幹部に課題を与えたものの、当初は「１年後、２年後に対応できます」といった回答が多かったという。

そこで澤田氏は一計を案じる。経営幹部らに提出してもらう課題設定に対する回答シートのタイムフレームを、四半期ベースから月ベースに変えたのだ。「タイムフレームを月ベースにすると、書くスペースが12個になる。いろいろ書かなければ格好がつかない。自然とペースが上がる。プロジェクトマネジメントにおいては、タイムフレームをどのようにつ

NTTを覚醒させた澤田改革

①144個の改革メモ

社長就任前から準備。2018年6月の社長就任時にグループ幹部に課題設定

②プロジェクト管理の刻みを月ベースに

幹部の目標設定を四半期ベースではなく月ベースに変更。「自然にペースが上がる」

③IT基盤をグループで統一

グループでバラバラだった統合基幹業務システムをSAPに統一しプロジェクト管理。権限委譲し改革を加速

くるのかが非常に大事」と澤田氏は語る。

澤田氏がスピード感にこだわったのは、競争環境や技術革新が秒進分歩で進展しているからだ。その場にとどまっていると状況を見誤る。「経営幹部には『川の流れを見ていても川は流れていく。だから川の流れよりも速く走る必要がある』と繰り返し話した。『プロアクティブ（先を見越す）』が合言葉だった」と澤田氏は振り返る。

綿密な進捗管理を実施する一方、大胆な権限委譲も進めた。「NTT持ち株会社がすべてを指示し、グループ会社に依存されてしまうのも大変。それを言い訳にされてしまうこともある。持ち株会社としての発言範囲とグループ会社が事業として取り組む範囲を明確

に区別することを心がけ、各社が自立する権限委譲モデルをつくった」（澤田氏）。

これらの取り組みが、何をやっても遅いと言われたＮＴＴグループを変える起爆剤になった。澤田氏は「ＮＴＴの社員は炭で言うと備長炭。なかなか火がつかない（笑）。でもいったん火がつくとすごい。長持ちするよい火になる。ＮＴＴの社員は、備長炭の木質と同じく、綿密なんだろう。ただ点火しても消えてしまうことがあるので、火をつけ続けることが大事だ」と続ける。

タブー視された組織再編を断行

ＮＴＴに火をつけた澤田氏。社長就任からわずか1カ月あまりの２０１８年8月、いきなり業界を驚かせる一手を繰り出した。ＮＴＴ持ち株会社の傘下に海外統括会社を設立し、グループ内に分散していた海外事業を再編するという発表をしたのだ。ＮＴＴコミュニケーションズ（ＮＴＴコム）やＮＴＴデータなど、ＩＴサービス分野で海外事業を展開するグループ各社をまるごと移管する。大型の組織再編は１９９９年のＮＴＴ分離・分割以来19年ぶりだった。

タブー視された組織再編を断行

2018年まで	現在
●地域通信 NTT東日本 NTT西日本	●地域通信事業 NTT東日本 NTT西日本
●携帯電話 NTTドコモ	●総合ICT（情報通信技術）事業 **NTTドコモ** ├NTTコミュニケーションズ └NTTコムウェア
●長距離通信／インターネット NTTコミュニケーションズ	
●システム開発 NTTコムウェア	●グローバル・ソリューション事業 **NTTデータグループ** ├NTTデータ（国内事業） └NTT DATA（海外事業）
●システム関連 英ディメンション・データ	●不動産事業 **NTTアーバンソリューションズ** ├NTT都市開発 └NTTファシリティーズ
●システム開発 NTTデータ	
●不動産開発 NTT都市開発	●エネルギー事業 **NTTアノードエナジー** ├エネット └NTTスマイルエナジー
●不動産建設 NTTファシリティーズ	

2023年度の事業セグメント別売上高

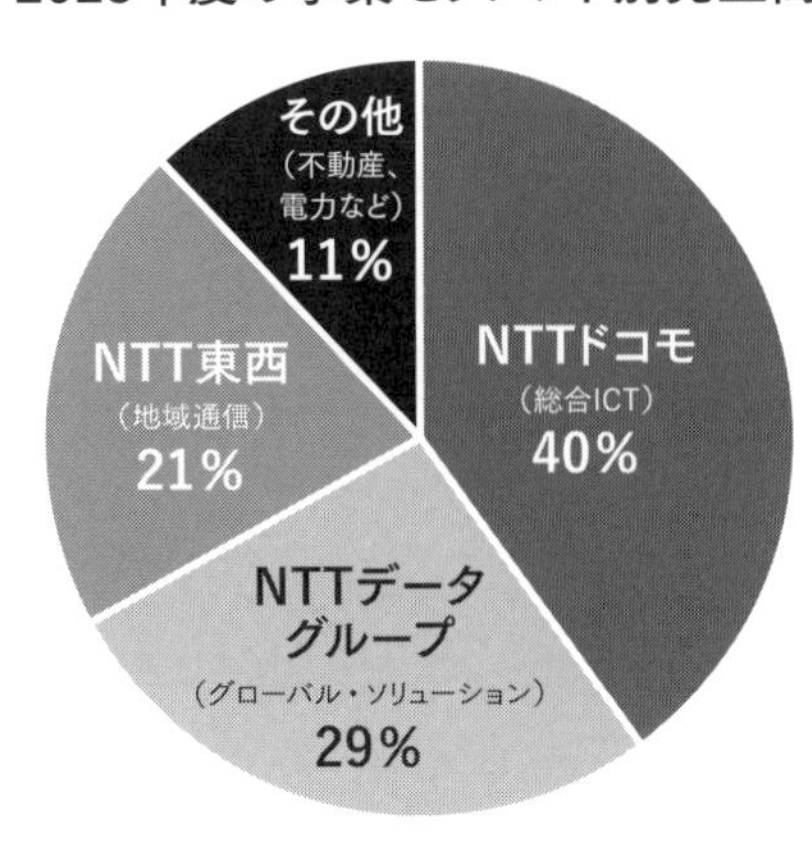

ＮＴＴグループは２０００年代初頭に海外通信事業者への巨額投資に失敗してから、海外投資をしばらく凍結。２００８年ころからようやく海外投資を再開し、クラウドサービスなど海外法人分野に狙いを定めて積極的な買収を進めてきた。

２０１０年には約３０００億円でシステム構築大手、英ディメンション・データを買収。２０１６年にはＮＴＴデータが米ＩＴ大手のデル・テクノロジーズのＩＴサービス部門を約３０００億円で買収するなど、ＮＴＴデータ、ＮＴＴコムなども次々と海外ＩＴ関連企業の買収を進めた。

その結果、ＮＴＴグループは、通信インフラ、データセンターから運用・保守まで法人顧客を支えるサービスをそろえることになった。澤田氏はＮＴＴコム時代、こうした海外事業の買収案件を多数手掛けていた。実は、ＮＴＴ持ち株会社が買収したディメンション・データを最初に買収しようとしたのも澤田氏だ。しかし、買収した海外子会社は、ＮＴＴ

データやNTTコムなどに分散したままであり、「世界で戦える構造ではなかった」(澤田氏)。

澤田氏の前任としてNTT持ち株会社の社長を務めた鵜浦博夫氏は「組織体制を言い訳にするな」が口癖であり、NTTの抜本的な組織再編に踏みこむことはなかった。組織再編は規制当局との交渉や政治家へのロビイングに多大な労力と時間がかかる。決着したところで市場がさらに変化し、時代遅れとなるおそれがあった。「抜本的な再編に踏み込まない鵜浦氏に、当時、持ち株会社の副社長だった澤田氏は歯がゆい思いをしていた」と当時を知るNTT幹部は明かす。

社長になったタイミングで澤田氏は、それまでタブー視されていた組織再編を断行した。「当時は、会社の基本である会計セグメントについても1999年の分離・分割のまま。グローバルというセグメントがなく、各社がバラバラに取り組んでいて、仲もよくなかった。手を打つ必要があった」と澤田氏は振り返る。

澤田氏は間髪をいれず2018年10月、不動産分野のグループ再編方針も発表した。不動産開発子会社のNTT都市開発をTOB(株式公開買い付け)で完全子会社化し、設備子会社のNTTファシリティーズと共に、新しい事業持ち株会社の下に置くという方針だ。

後のＮＴＴアーバンソリューションズとなる体制をつくった。

不動産再編も澤田氏が示した１４４項目の課題メモの１つに含まれており、わずか5カ月程度で発表に至った。一連の動きは、澤田体制でＮＴＴグループのギアがシフトしていることを社内外に知らしめた。「大胆でタブー知らずの澤田氏は何をやるのかわからない」と、業界内でおそれられるようになったのもこのころからだ。

波紋を広げたドコモ完全子会社化

澤田氏の剛腕に三度業界に衝撃が走ったのが２０２０年9月、ＮＴＴドコモに対してＴＯＢを実施すると発表した時だ。ＮＴＴ持ち株会社が約４・３兆円の巨費を投じて完全子会社化を目指すという発表内容に業界は騒然となった。

この時の会見は今でも語り草だ。澤田氏は並んで座る、当時ＮＴＴドコモ社長だった吉澤和弘氏を横に「ドコモは契約数シェアでは国内首位だが、営業利益では3番手。（ユーザーが使う）ハンドセット契約の獲得で競合他社の後じんを拝している」と業界3位であることを繰り返し強調したのだ。ドコモ関係者からは「あれでは吉澤さんがかわいそうだ」という声が思わず漏れた。

ＮＴＴドコモは１９９２年、政府の措置や当時の郵政省審議会の答申に基づき、ＮＴＴから移動体通信事業を分離し、出資比率を低下させる方針に基づいて誕生した。固定電話全盛時代の当時、無線事業を担うドコモは傍流扱いで、ドコモに転籍した社員は「左遷」と見なされる風潮もあった。だからこそドコモ内部には、ＮＴＴ本体に対して自立心が強い社風が醸成された。

２０１８年に官製値下げ圧力が強まった時期にもそれは見られた。ＮＴＴ持ち株会社の澤田氏は大胆に値下げしてシェア確保に動くべきだという考え方を示す一方で、モバイル一筋のドコモ吉澤氏はその考え方になかなか同意しなかった。ＮＴＴ持ち株会社とドコモ、そして澤田氏と吉澤氏の間には絶えず緊張が走っていた。

ＮＴＴ持ち株会社から見るとドコモは、グループ全体の利益の6割を稼ぐ一方で、シェアをずるずると落とし、急速に変化する競争環境についていけていないという課題が見えていた。２０２０年に商用化が始まった高速通信「５Ｇ（第5世代移動通信システム）」

では法人向けビジネスが期待される一方、ドコモの法人事業は十分な体制が整えられていない点も課題として浮かび上がっていた。

実はドコモを完全子会社化するというアイデアの発案者は澤田氏本人だ。

「当時、ＮＴＴグループ全体でＥＰＳ（１株当たり純利益）を成長させる目標を掲げていた。ＥＰＳ成長の達成に向けて一番早くて効果があるのはＭ＆Ａ（合併・買収）。そのため、どこかの会社を買収する気でいたが、ある日、ドコモを買収することによる大きな効果に気づいてしまった。他社を買収するよりも抵抗は少なく、勝手を知っているのでＰＭＩ（買収後の組織統合）もおかしくならない」

このように澤田氏は当時の状況を打ち明ける。１４４項目の課題メモにはドコモ完全子会社化は含まれておらず、後から進めたプロジェクトだった。

ドコモ完全子会社化によって、澤田氏の出身母体といえるＮＴＴコムを救済する絵も見えた。当時のＮＴＴコムは、澤田氏によるＮＴＴグループの海外事業再編によって、コムの海外事業がＮＴＴリミテッドとして切り離されており、「継子のような状態になっていた」（澤田氏）。

さらに、２０２４年にはＮＴＴコムの国内事業の一端を支える長距離電話事業が大きな打撃を受けることがわかっていた。ＮＴＴ東西は２０２４年に固定電話網をＩＰ（インターネットプロトコル）ベースの機器に切り替えるのに伴って、固定電話料金を距離に依存しない全国一律料金に変更する計画を示していた。これによってＮＴＴコムの長距離電話サービスの強みがなくなることがあらかじめ見えていたからだ。

ＮＴＴドコモとＮＴＴコムを一体化することでＮＴＴコムの救済につながり、弱かったＮＴＴドコモの法人事業も強化できる。「ＴＯＢ発表の直前に、総務省とも相談し、制度上問題ないことを確認した上で公表に至った」と澤田氏は続ける。

もっともＮＴＴによるドコモの完全子会社化は、発表直後から業界に波紋を広げた。寝耳に水だったＫＤＤＩやソフトバンクなどは「ＮＴＴの一体化、独占回帰につながる」と猛反発。２０２０年11月には28社の連名で、ＮＴＴドコモの完全子会社化が公正競争上の問題を引き起こさないか、審議会などで公開の議論などを求める意見申出書を提出した。

だが同月にＴＯＢは成立。ドコモは上場廃止となりＮＴＴの完全子会社化となった。総務省もＫＤＤＩやソフトバンクなどの意見を汲み、公正競争のあり方を検討する有識者会議を立ち上げたが、既に問題なしとされたドコモのＴＯＢを止める術はなかった。

ＫＤＤＩやソフトバンクなどは、20年以上前の決定とはいえ、ドコモの出資比率を引き下げていくという政府方針すら上塗りするＮＴＴのパワー、そして澤田氏の剛腕に恐怖した。だが、２０２１年夏にＮＴＴドコモの傘下にＮＴＴコムとシステム系企業であるＮＴＴコムウェアを再編するという、当初描いていたスケジュールは遅れることになる。ＮＴＴ幹部と総務省幹部による不適切な接待が明るみに出たからである。

会食問題で遺恨を残す

総務省でＮＴＴドコモの完全子会社化に端を発する公正競争の議論が佳境を迎えていた２０２１年3月、『週刊文春』の3月11日号に通信業界を揺るがすスクープが載った。ＮＴＴの澤田純社長（当時）が、総務省の通信行政トップの谷脇康彦総務審議官（当時）などに高額接待を繰り返していたと報じられたのだ。

その後の総務省の調査によると谷脇氏は、2018年9月4日にNTT相談役（当時）の鵜浦博夫氏、同年9月20日にはNTT社長（当時）の澤田氏、2020年7月3日にはNTTデータ相談役の岩本敏男氏から接待を受けていたことが判明した。

これらの行動が問題視されたのは、接待を受けたタイミングがちょうど、菅義偉元首相が官房長官時代の2018年8月に「携帯大手の携帯料金は4割程度引き下げる余地がある」と発言した時期、さらに2020年9月のNTTによるNTTドコモ完全子会社化発表の時期の前後だったからである。一連の接待が行政をゆがめたのではないかという疑念が高まったのだ。

国家公務員倫理法に基づく国家公務員倫理規程では、許認可の対象となるような利害関係者からの接待を禁じ、自己負担でも1万円を超える会食は事前の届け出を義務付けている。NTTによる総務省幹部への接待では、許認可対象かつ1万円を優に超える高額な会食が相次いだにもかかわらず、接待を受けた総務省幹部による事前届け出はなかった。

一連の接待は国会でも問題となった。澤田氏や谷脇氏は参考人として国会に招致された。2021年3月16日の衆院予算委員会に参考人として出席した澤田氏は「(総務省幹部への接待は）国家公務員倫理法上の問題がないと考えていた。大変認識が甘く申し訳なく思っている」と弁明を繰り返した。

実は当時、ＮＴＴグループ全体の倫理憲章はあるものの、澤田氏が社長を務めていたＮＴＴ持ち株会社には、会食に関する具体的なルールがなかった。ＮＴＴ持ち株会社は直接の事業を行わない管理会社であるため、国家公務員を対象とした具体的なルールが必要ないと判断していたからだ。

高額接待の場所についても認識の甘さが出た。一連の接待の場となったのは、ＮＴＴグループが経営する会員制レストラン「クラブノックス麻布」（現在は閉鎖）だった。澤田氏は「孫会社が経営しており、ＮＴＴ持ち株会社のコストが孫会社の収入となり、連結決算上打ち消される形になっていた。例えば２万円のコースだと、３分の１ほどの原価だけがかかるという意識になっていた。（ルール違反を）誘発する素地の１つになったと反省している」と弁明した。

ＮＴＴと総務省の関係が、１９９０年代のＮＴＴの分離・分割を巡る全面対決から蜜月へと移り変わりつつあった点も、ルール軽視を招いた背景にあったのかもしれない。澤田氏と谷脇氏は、郵政省とＮＴＴが全面対決していた１９９０年代から面識があり、古くから意見交換を重ねてきた節がある。市場環境が激変し、互いの問題意識が一致する中で、ルール軽視の構造が生まれていった可能性もある。

一連の接待問題を受けて武田良太総務相（当時）は同年3月8日、谷脇氏を官房付に更迭。その後、谷脇氏は辞職した。谷脇氏は長く通信行政をけん引し、近く総務省事務次官就任が有力視されていた。総務省の情報通信行政に携わってきた多くの官僚も処分を受け、総務省からは澤田氏に対する恨み節が聞こえてきた。

接待問題が明るみに出たのは、NTT社内からのリークであるとの見方が濃厚だ。タブー知らずで大胆な改革を断行する澤田氏には、社内からの反発も多かったのである。

一連の接待が行政をゆがめたかどうかについて、総務省の第三者委員会「情報通信行政検証委員会」は2021年10月、最終的に「影響は確認できない」という結果を示した。「NTT法などの趣旨や公正競争確保の観点から議論の余地はある」としつつも、総務省の対応に「問題があるとは言えず、完全子会社化と料金低廉化の関連も確認できない。会食の影響も確認できない」と結論付けた。

行政をゆがめた事実はないという結論を得たものの、澤田氏は社内外に遺恨を残すことになった。翌2022年5月、長期政権の観測もあった澤田氏は、任期4年でNTT社長を退任することを発表した。

「(新型コロナウイルスやウクライナ危機など)環境変化が厳しい時期に来た。この4年間、リモートワークを基本にする、経営スタイルを変えるといった、基本的な構造変化を起こす方向感が固まった。明確化できたので交代しようと考えた」

澤田氏はこのように語った。退任発表の3日前の5月9日には、NTTデータがNTTリミテッドを統合し、海外事業を一本化するという再編を発表した。これを受けてNTTは同日、事業セグメント見直しを発表した。

新生ドコモグループであるNTTドコモとNTTコム、NTTコムウェアを「総合ICT事業セグメント」、NTT東西を「地域通信事業セグメント」、NTTデータグループを「グローバル・ソリューション事業セグメント」、そしてNTTアーバンソリューションズやNTTアノードエナジーなどを「その他(不動産、エネルギー等)」とする形である。課題が山積していたグループの組織体制を、澤田氏の退任直前にほぼ完成形にしたことの表れといえた。

澤田氏は退任発表の会見において、社長就任時に提示した144項目の課題リストについて「約2割は状況が変わってしまったが、約8割は実施できた」と満足げに振り返った。

再編は「次のステップへの素地づくり」

NTTグループの形を大きく変えた澤田氏。大型再編の目的は、KDDIなど競合が指摘するように、かつての巨大NTTの復活が狙いだったのか。

実は澤田氏は1990年代初頭、NTTの秘書室においてNTT再編対応の最前線で動いていた経験を持つ。1985年のNTT発足以来、検討課題となっていたNTTの組織のあり方について、分離・分割を目指す郵政省（現総務省）と一社体制の維持を求めるNTTが全面対決していた時期だ。澤田氏は、「電電公社始まって以来の乱暴者」と呼ばれたNTTの第3代社長である児島仁氏の秘書チームの一員として、分割反対の論陣を張った。

「当時はＮＴＴ分割論が激しかった。永田町方面に説明に行ったり、幹部の段取りを手伝ったりしていた。技術系出身者で永田町方面に免疫があるのはＮＴＴでは初めてだろう」

このように澤田氏は当時を振り返る。だが15年近くに及んだ郵政省とＮＴＴの全面対決については、「今となっては不毛な議論。もうあんなことはやらないほうがよい」と切って捨てる。

澤田氏は、社長在任中に取り組んだ一連の大型再編について、かつての巨大ＮＴＴ復活が目的ではなく「次のステップのための素地づくりだった」と打ち明ける。

従来のままでは、グローバルで十分に戦える体制ではなかった。そのために最終的にＮＴＴデータグループに海外事業を集約し、ガバナンスできる体制にした。ＮＴＴドコモについても競争力が衰えていると見て完全子会社化し、ＮＴＴコミュニケーションズと一体化した。

「通信関連の売り上げがどんどん減ってきている。それ以外の事業を自律的に立ち上げられる素地をつくれたと思う。それを広げて、成功させていくのが島田社長以降の経営陣の役割だろう」。澤田氏はこのように続ける。

不動産事業を統括するNTTアーバンソリューションズや、電力関連事業を推進するNTTアノードエナジーといった新規事業を担当する事業会社は、澤田氏の一連の再編によって本格的な体制が整った。現在はNTTグループの会計セグメントにおいて「その他」に分類されているが、成長を遂げた先には「新しいセグメントになってほしい」と澤田氏は期待を込める。

澤田氏が取り組んだ一連の改革は、NTTの持つ「企業性」をさらに高めて新たな成長を目指す素地をつくったといえる。

一方で、NTTにもう1つ期待される「公共性」について、澤田氏はどのように捉えているのか。

「社長就任時に最初のビジョンとして『公共性と企業性を両立せよ』という点を示した。公共性か企業性かとなると人間は二項対立で捉えて、どちらかに寄っていく。そこで、『中庸ではなく同時に両立せよ』と言い続けた」と澤田氏は振り返る。

サステナビリティー（持続可能性）と企業成長、グローバリズムと保護主義など、現在の世界情勢において企業は、矛盾や対立する概念を両立することが求められている。澤田氏はこのような概念について、（矛盾や対立する概念の同時両立を意味する）「パラコンシステント」というキーワードを用いて書籍を記している。

ＮＴＴが民営化された時、澤田氏は30代だったが、実はそのころにも、社内で「企業性」と「公共性」について熱い議論を交わしていたという。「当時は『企業性と公共性の両立は無理だ』というのが大半の意見で、企業性を追求した会社になるべきだという主張が強かった。だが私は『企業性と公共性の両立が求められている』という意見だった」（澤田氏）。「企業性と公共性、どちらも両立する」という澤田氏の哲学は、若いころからの筋金入りだ。その考え方に、ようやく時代が追いついてきたのかもしれない。

「最近では経団連の中でも、これまでの『株主資本主義』から、（企業性を追求するのと同時に公益にも貢献する）『公益資本主義』の考え方が広がりつつある。ＮＴＴは時代を先取りしていたのかもしれない」と澤田氏は語る。

ＮＴＴの公共性を、法的に担保する役割を果たしているのがＮＴＴ法である。澤田氏は「仮にＮＴＴ法が廃止になったとしても、私たちはこの概念をキープする。それはノブレス・オブリージュ（高貴なるものの務め）だ」と話す。

破壊者を継ぐ「オールラウンダー」

ＮＴＴ社長を退任することを正式発表した澤田氏は２０２２年5月12日、後任社長に島田明氏を選んだ。

「島田さんとはこの8年間、一緒にＮＴＴの改革を進めてきた。海外経験も２回あり、ＮＴＴグループのほとんどの事業会社で勤務するなどバランスが取れている。今動いている方向性を広げてくれる、後任に適した経営者だ」

「破壊者」と呼ばれた澤田氏を継ぎ２０２２年６月にＮＴＴ社長に就いた島田氏は、１９５７年に東京都で生まれた。一橋大学商学部卒業後の１９８１年、日本電信電話公社

（現ＮＴＴ）に入社した。子どものころはパイロットになりたかったという。その後、大学３～４年のころ電電公社志望に変わった。ＮＴＴデータの前進である電電公社のデータ通信本部が航空管制システムを手掛けていたからだ。

澤田氏は後任社長として島田明氏を選んだ（撮影：筆者）

「入社後にプログラム研修があり、（研修の成績が悪かったのか）ＮＴＴデータ方面には行かせてもらえなかった」と島田氏は笑う。

転機となったのが１９９５年、英国ロンドンに赴任した時のことだ。ＮＴＴヨーロッパの副マネージングディレクターとして、海外データセンター事業をゼロから立ち上げた。さらに１９９７年にはＮＴＴグループとして初となる東京＝ロンドン間の国際通信ネットワークサービスも構築した。

ゼロから事業を立ち上げたことで島田氏に経営視点が培われた。その後は、ＮＴＴ西日本やＮＴ

Ｔ東日本などでの勤務を経てＮＴＴ持ち株会社でグループ全体のポートフォリオを見るようになった。豊富な職務経験を持つ「オールラウンダー」として視野が広がった。

　島田氏はＮＴＴ持ち株会社で総務部門長を務めるなど、社内の出世コースである「総人労」畑を歩む。総人労とは、総務・人事・労務部門を指すＮＴＴ用語だ。巨大組織であるＮＴＴにとって、人材を動かすこれらの部門こそが経営幹部への近道となっていた。

　２０１８年以降は、ＮＴＴ持ち株会社の副社長として澤田体制を最前線で支えた。海外事業再編の実施や、米デル・テクノロジーズなど大手ＩＴ企業との協業プロジェクトなどは島田氏の功績だ。そして総人労の総元締として人事制度改革も推進し、巨大企業のトップの座を射止めた。

「澤田氏がこれだけグループ全体を破壊しつつも、経営が揺るがなかったのは、副社長だった島田氏ががっちりと支えてきた側面も大きい」とＮＴＴ幹部は指摘する。島田氏には堅実で安定感のあるマネジメントへの期待があった。

　澤田氏は社長を退くとはいえ、代表権のある会長に残ることから、「島田氏が社長に就くものの、実際は傀儡で澤田氏が院政を敷くのではないか」（関係者）との観測もあった。

ビジョナリーで剛腕な澤田氏と比べると、当初は島田氏のキャラクターが地味に見えていたのも事実だ。

だが社長就任から2年超が経過した今から振り返ると、これらの見方はある面で間違っていた。島田氏も、場合によっては澤田氏を超えるほど過激にＮＴＴを変えている「破壊者」だったからである。

勤務場所は「自宅」

「転勤や単身赴任は不要。日本国内であれば居住地は自由で、勤務場所は自宅」

ＮＴＴは２０２２年7月、日本全国どこからでもリモートワークで働ける新たな制度「リモートスタンダード」を導入した。島田氏の社長就任と同時に導入を発表した肝煎り施策だった。

ポイントは、出社しづらい時にリモートワークを部分的に活用するのではなく、リモートワークを働き方の基本とするという点である。働き方の主従逆転だ。

島田氏は社長就任と共に「CX（カスタマーエクスペリエンス）をEX（エンプロイーエクスペリエンス）で創造する」という新たなビジョンを打ち出した。社員の働き方を変えることで、顧客の新たな体験や感動を創造するといった方向性だ。総人労の総元締だった島田氏ならではの強みを生かした改革だった。

「社員である人こそが、新しいサービスを生み出していく原動力。社員の満足度を上げていくことがCX向上、成果につながる」と島田氏は語る。

リモートワークを基本とすることで転勤や単身赴任を減らし、社員や社員の家族への負担を減らせる。育児や介護などで、これまでならやむを得なく働けなくなったはずの人も仕事を続けやすくなる。家賃が高い都心部ではなく、地方を自宅としてリモートで仕事するようなことも可能になる。NTTのような日本の大企業が、ここまで大胆な働き方改革を導入するのは珍しい。

もちろん職種によってはリモートワークが難しい場合もある。それでもNTTグループの国内社員18万人のうち約4万3000人を今回のリモートスタンダードの対象にした。これによって多くの社員が自由な働き方の恩恵を受けられるようになった。

成果も出ている。リモートスタンダード導入前には1年で約４９００人いた単身赴任者が、導入後は1年で約４１００人と約2割減った。社員の満足度も向上しているという。

そんな島田氏の改革はリモートワークの導入にとどまらなかった。長年、ＮＴＴを支えてきた鉄壁の不文律であった人事制度にもついにメスを入れたのである。

「官僚よりも官僚的」を過去に

「民営化以来の歴史的な転換だ」

島田体制下の２０２３年4月に始まった、一般社員向けの新人事制度について、同社の社員は口をそろえてその衝撃を語る。

新人事制度は、入社年次に関係なく昇格できる脱・年次主義と、社員の専門性を高める評価軸を新たに導入した点が特徴だ。前者は入社年次や在職年数の要件を撤廃し、実力主義で人材を評価。20代でも課長に抜てきできるようにした。これまでの人事制度では、年次や在職年数を考慮し、課長に昇格できるのは最も早い場合でも35歳前後だった。

後者は新たにマーケティングやＩＴスペシャリストなど18の分野を用意し、分野ごとの専門性を評価する仕組みを取り入れた。これまでは専門性が問われず、業績と行動評価の2項目が主な評価項目だった。この延長上に専門性を極める社員のキャリアパスとして、管理職並みの待遇を得られる専門人材グレードの「ＳＧ」も新たに設けた。

「官僚よりも官僚的」——。これまでのＮＴＴグループの人事制度は、こう揶揄されてきた。終身雇用を前提に入社年次に基づいて、2〜3年ごとに幅広い職務を経験させるメンバーシップ型組織の典型だった。

これまでは、入社年次に加えて、事務系か技術系、研究系採用かといった入社時の採用区分が会社員人生の生涯にわたって考慮された。年次に基づいて入社同期の間で、担当課長や担当部長といった管理職ポスト、そしてその先の役員ポストを巡って競わせてきたのである。

「あの人はＳ（昭和）62の事務系」「Ｈ（平成）2のあの人が役員に昇格した」——。ＮＴＴグループの社員であれば、幹部クラスの年次や採用区分を当たり前のようにそらんじている。それだけ年次主義がグループ内に定着していることにほかならない。

「最早組（さいそうぐみ）」というＮＴＴ用語も、このような年次を重視する猛烈な出世争いの中で生まれた。入社同期で最も出世が早い人たちを指す言葉だ。最早組やそれに次ぐ「次早組（じそうぐみ）」にポストを占められ、出世競争に脱落してしまうと関連会社への片道切符で転籍、というのがＮＴＴグループの典型的なキャリアパスだった。ＮＴＴグループにエリート主義が根強く残るのは、こうした強烈な年次主義が１つの要因だろう。

　年次や入社区分を重視する人事の鉄則は、ごく最近までＮＴＴグループの社長人事でも考慮されてきた。例えばＮＴＴグループの長男格に当たるＮＴＴ東日本と次男格であるＮＴＴ西日本の社長人事。年次のバランスはもちろん、ＮＴＴ東日本の社長が事務系であれば、ＮＴＴ西日本の社長は技術系という不文律が最近まで残っていた。ＮＴＴグループのこれまでの徹底した年次主義やメンバーシップ型組織の運営は、社員34万人という巨大企業を運営するための組織としての知恵だった。

　だがその一方で、入社年次や入社区分の鉄則に阻まれて、どんなに優秀な人材であっても幹部ポストに就くことができないケースもあった。硬直的な年次主義を嫌い、実力ある人材が相次いで米グーグルや米アマゾン・ドット・コムなど外資系企業へ流出する事態も繰り返された。NTTグループはいつしか「GAFA予備校」という不名誉な呼ばれ方をするようにもなっていた。

そんな長年続いたNTTグループの鉄則を、島田氏は完全に撤廃したのである。

「思いっきりかじを切る」

なぜNTTはこのタイミングで年次主義を撤廃したのか。

2022年6月から2024年6月までNTT持ち株会社の総務部門長として、島田体制下で人事制度改革に取り組んだ山本恭子執行役員（現在は研究開発マーケティング本部マーケティング部門長）は以下のように語る。

「従来型の通信ビジネスだけではこの先、成長が厳しくなっている。グループ全体で成長のために事業ポートフォリオを拡大しており、グローバル企業が競合になっている。グローバル市場を意識すると、年次主義の人事制度はもはや企業の競争力にならない」

グローバル企業の多くは、専門性が求められるポストに対し、最適な人材を配置する「ジョブ型」の人事制度を取り入れている。専門性を生かし事業のチャンスやリスクを見極め、スピーディーに意思決定している。ＮＴＴグループも、ＮＴＴデータグループを中心に事業ポートフォリオが海外市場に広がっている。グローバル企業と同様に実力主義で人材を配置しなければ競争に勝てない――。ＮＴＴグループの歴史的な転換の裏には、そんな危機意識が浮かび上がる。

「ＮＴＴグループは巨艦というイメージそのもの。巡航速度で前に進むパワーが強く、小刻みに調整しながら方向転換しようとしても、慣性の力が強くて曲がっていかない。方向を変えるには思いっきりかじを切る必要があった」

山本氏はこのように続ける。民営化以来の歴史的転換と言われる人事制度改革は、ＮＴＴグループを変えるため、意識的に大胆にかじを切ったということだ。

ＮＴＴが長年維持してきた年次主義の人事制度は、通信が安定的に収益を生み出していた時代の産物だったのだろう。計画経済のように通信インフラに設備投資し利用料金を回

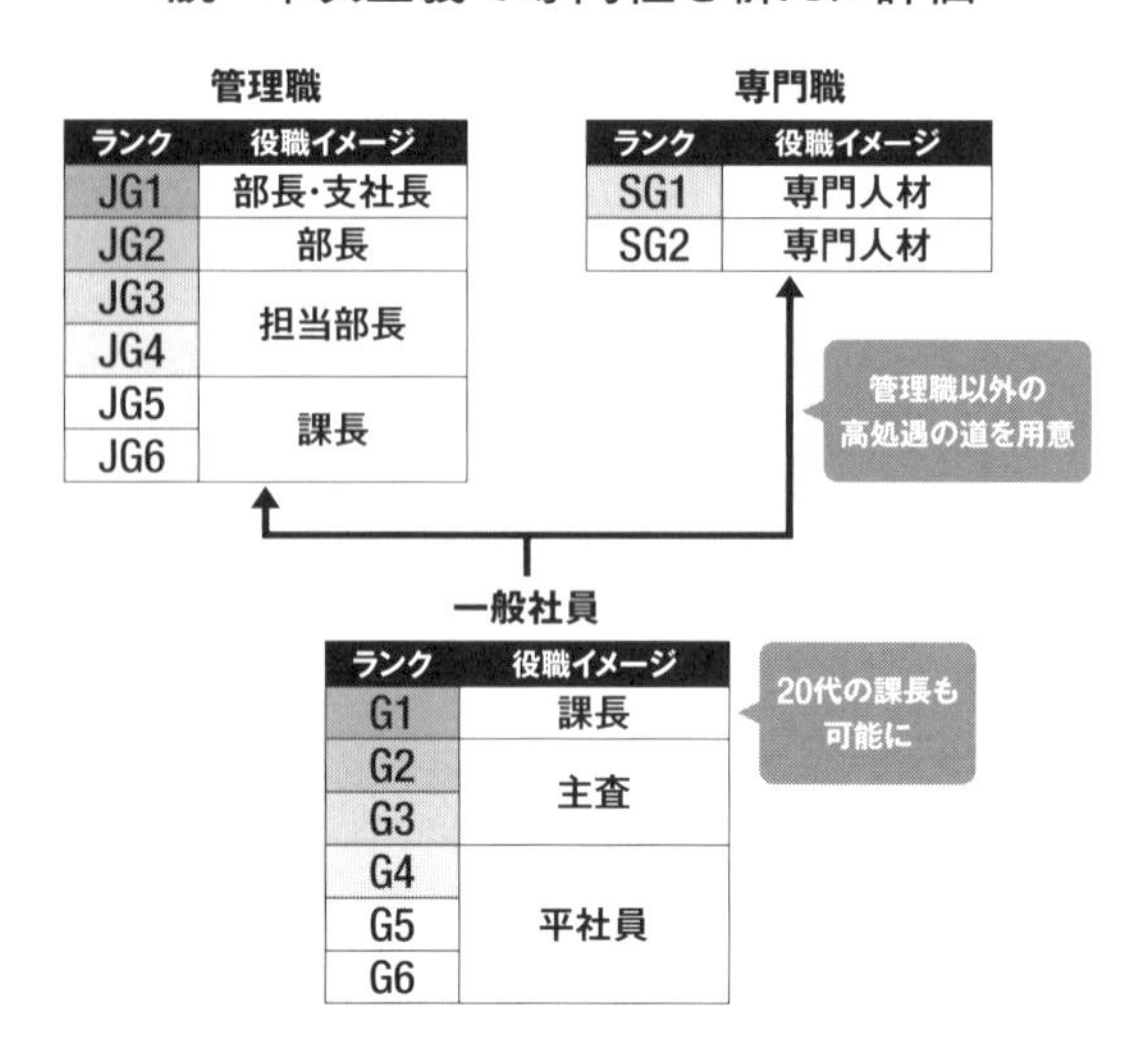

収するモデルは、組織の運営力や調整力が重視される。ゼネラリストの官僚型エリートが有利であり、メンバーシップ型の人事制度が適していたというわけだ。

早速、新人事制度の恩恵を受ける社員も現れている。

「管理職業務から解放されたのが何よりうれしい。専門性を高めて社外から評価される人材であり続けたかった」

このように話すのは、NTTが新たに導入した一般社員向けの人事制度の目玉である専門人材グレード「SG1」に昇格した、NTTコミュニケーションズの林雅之エバンジェリストだ。

林氏は、社外にその名を知られる存在

だ。クラウドやＩＴに関連する多数の書籍を執筆するほか、大学講師など複数の副業にも携わる。現在はエバンジェリストとして、ＮＴＴグループが進める次世代情報通信技術「ＩＯＷＮ」のマーケティングを担当する。林氏は、管理職から専門人材グレードであるＳＧ１への異動を自ら希望。２０２３年秋に、ＮＴＴグループ初めてのＳＧ１社員の１人として昇格を果たした。

「管理職は社内調整が多く、自ら手を動かす時間が少なくなっていた。自分のスキルが落ちたと感じていた。専門性を持って自ら行動するキャリアパスのほうが後々有利だと考えた。ＳＧ１には役職定年がない点も魅力的だった」と林氏は打ち明ける。

従来の人事制度でＮＴＴの社員が出世するには、管理職を目指すしかなかった。「管理職から降りる」などもってのほかで、年収大幅ダウンを余儀なくされる。従来はペナルティー的な位置付けでしかなく、実際には降格はほぼ運用されてこなかった。

管理職から専門人材グレードに異動した林氏は「年収が管理職時代よりもアップした」という。新たな人事制度によって、ＮＴＴの社員は管理職以外に、専門性を極めるという出世の道が開けた。専門人材グレードであるＳＧ１の昇格条件は「その分野における社内外の第一人者」。役員や人事部との面接などを経て昇格が決まる。

林氏は「マネジメント業務が苦手だけど専門性が高いという人は、これまで待遇面で不利だった。新たな人事制度はこうした人も報われる。社外にも影響力がある専門人材が増えていくと、会社は間違いなく強くなる。ぜひ後に続く人を増やしたい」と力を込める。

執行役員候補を「ハードアサイン」

実力主義で人材を抜てきするNTTグループの取り組みは、次代の経営を担う幹部候補育成にも取り入れられている。

これまで未経験の重要ポストにハードアサイン――。これは次代の経営人材を輩出するためにNTTが2022年に創設した「NTTユニバーシティー」の名物カリキュラムだ。NTTユニバーシティーとは、公募と会社推薦で次代の経営を担う人材を選抜し、教育していく人材支援プログラムである。年齢や年次は不問。現在、選抜されたメンバー約300人が在籍している。

脱・年次主義で執行役員候補を育てる

NTT University

約300人が在籍
公募と会社推薦で選抜

●ハードアサイン
これまで経験がないポストに配置。役職よりも上に
●メンタリング
現役の執行役員や副社長との対話で成長支援
●サポートプログラム
社外研修も活用し、経営の知識・スキルを所得

ハードアサインでは、例えばＮＴＴドコモでコンテンツ関連のビジネスを担当していたメンバーを、全く異なる分野の職種であるＮＴＴ持ち株会社のグローバル関連のビジネスにアサイン。さらに担当課長から担当部長などより上位のポストに抜てきするような取り組みが行われている。厳しい実務環境下で、経営人材としての成長を促すことが狙いだ。

ＮＴＴユニバーシティーでは、年次にとらわれない実力主義の経営人材を輩出することを目指している。50代以上が多くを占めるＮＴＴグループの執行役員において、40代の執行役員が当たり前のように誕生することを狙う。

既に第1期生のメンバーが2023年4月、NTTユニバーシティーを卒業した。その中からグループの執行役員となったメンバーもいる。

実力主義へと大胆にかじを切るNTTグループ。ただ現状ではまだ手探り状態の部分も多い。

「専門人材が個人プレーに陥ってしまうおそれがある」。SG1に昇格したNTTコミュニケーションズの林氏は戸惑いを見せる。SG1のグレードに昇格した社員は、従来のキャリアパスの役職から外れた位置付けだ。組織のチームがどのように専門人材の力を生かしていくのか。現場ではまだ試行錯誤が続いている。

真の実力主義を根付かせるためには、昇格に加えて降格も実施する必要がある。NTTの山本執行役員も「管理職では、これまでよりも早いペースでポストに就いた人が2割弱いる」と説明する。

一方の降格は、実際にはほとんど進んでいないという。「ジョブ型制度ではダウングレードと呼んでいる。次に適するポストがあれば、グレードが上がるチャンスがある。ただ現状では上司や組織のトップがダウングレードの実施に躊躇（ちゅうちょ）している」（山本執行役員）。これまでのＮＴＴグループの人事制度では、降格はほぼ運用されてこなかった。社内ではダウングレードに対する抵抗感が根強い。57歳の役職定年を機に、管理職のポストを譲ってもらうことで制度を回している実態も見えてくる。

山本執行役員は「実力主義を掲げる以上、年齢一律の役職定年は違うと感じている。気軽にダウングレードを運用できるようにしていかないと、実力ある人材が辞めてしまう危機感がある」と打ち明ける。思いっきりかじを切った先に、制度を実のある形にしていく運用が試されている。

❖　❖　❖　❖　❖

この章で見てきたように、ＮＴＴを大きく変革する澤田・島田体制の背景には、従来の国内市場を中心とした通信ビジネスだけでは成長の頭打ちを迎えるという危機意識がある。巨大組織を持続的に成長させていくためには、グローバル市場など新たな領域へと事業ポートフォリオを広げるしかない。そのためには次のステップの土台となる組織再編が必要であり、グローバル企業と伍していけるような実力主義を根付かせる人事制度への転換が必須だったということだ。

ただ事業ポートフォリオを広げた先に、ＮＴＴがどれだけ成長を遂げられるのかは全くの未知数だ。

ＮＴＴが新事業として取り組む再生可能エネルギーやデータセンター、デバイスメーカーといった領域は、従来の通信事業とは投資・回収サイクルがそれぞれ大きく異なる。競争環境もまちまちだ。こうした幅広いポートフォリオの事業に対し、ＮＴＴグループが持つヒト・モノ・カネをタイムリーに差配できるのか。迅速な意思決定が求められ、これまで以上に経営の力が問われることになる。

足元では急激な変化であるがゆえに、グループの隅々にまで変革が浸透していない様子も見える。実はＮＴＴグループの中で、最も課題が多いのはグループ全体の利益の６割を稼ぎ出すＮＴＴドコモだ。かつては自由闊達な社風で独立心も旺盛であり、「ｉモード」のようなイノベーションを生んだ。しかし今では大企業病に陥っている。次章では課題が山積するＮＴＴドコモの現状に迫る。

NTTグループ、40年の歩み

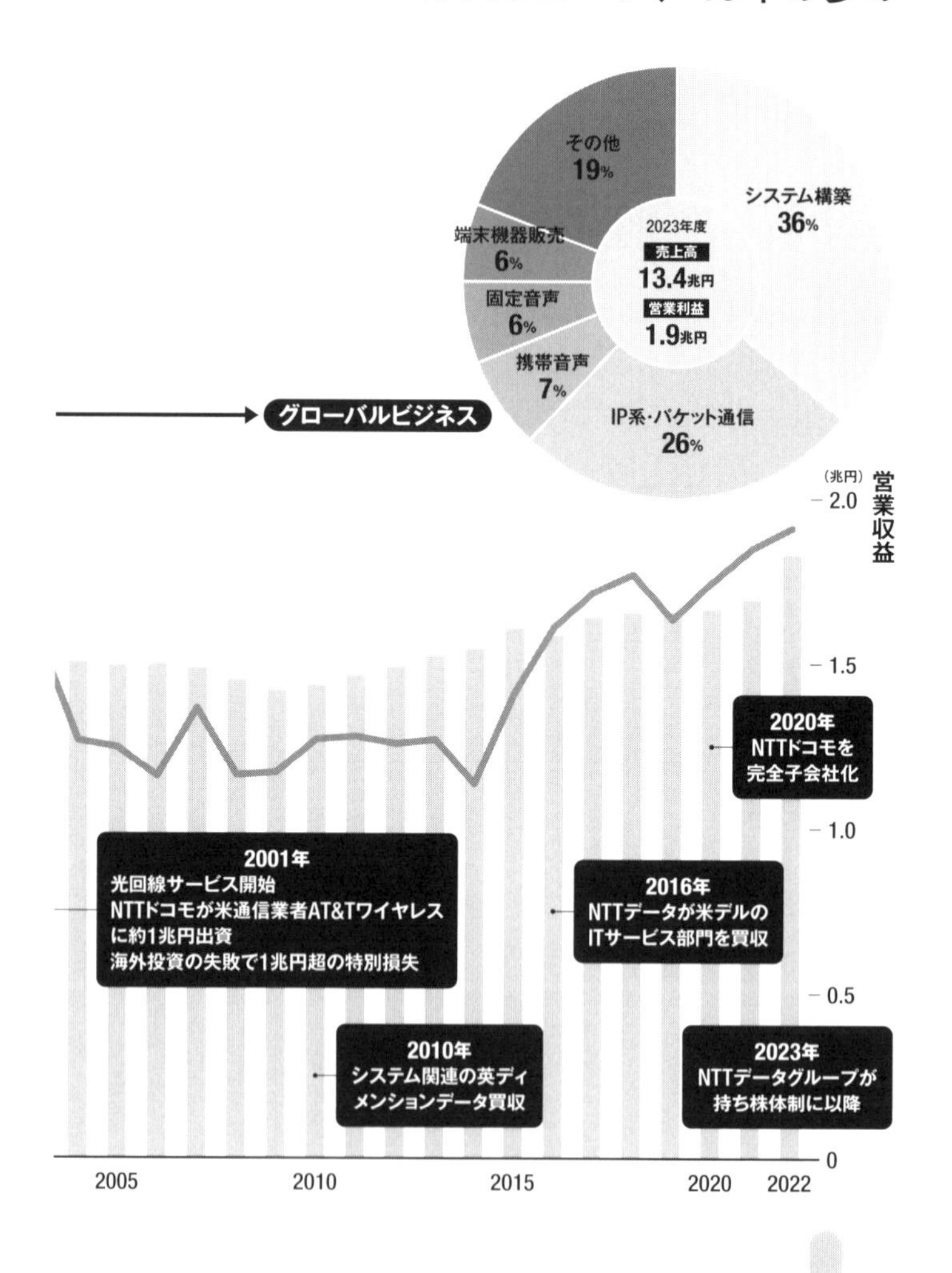

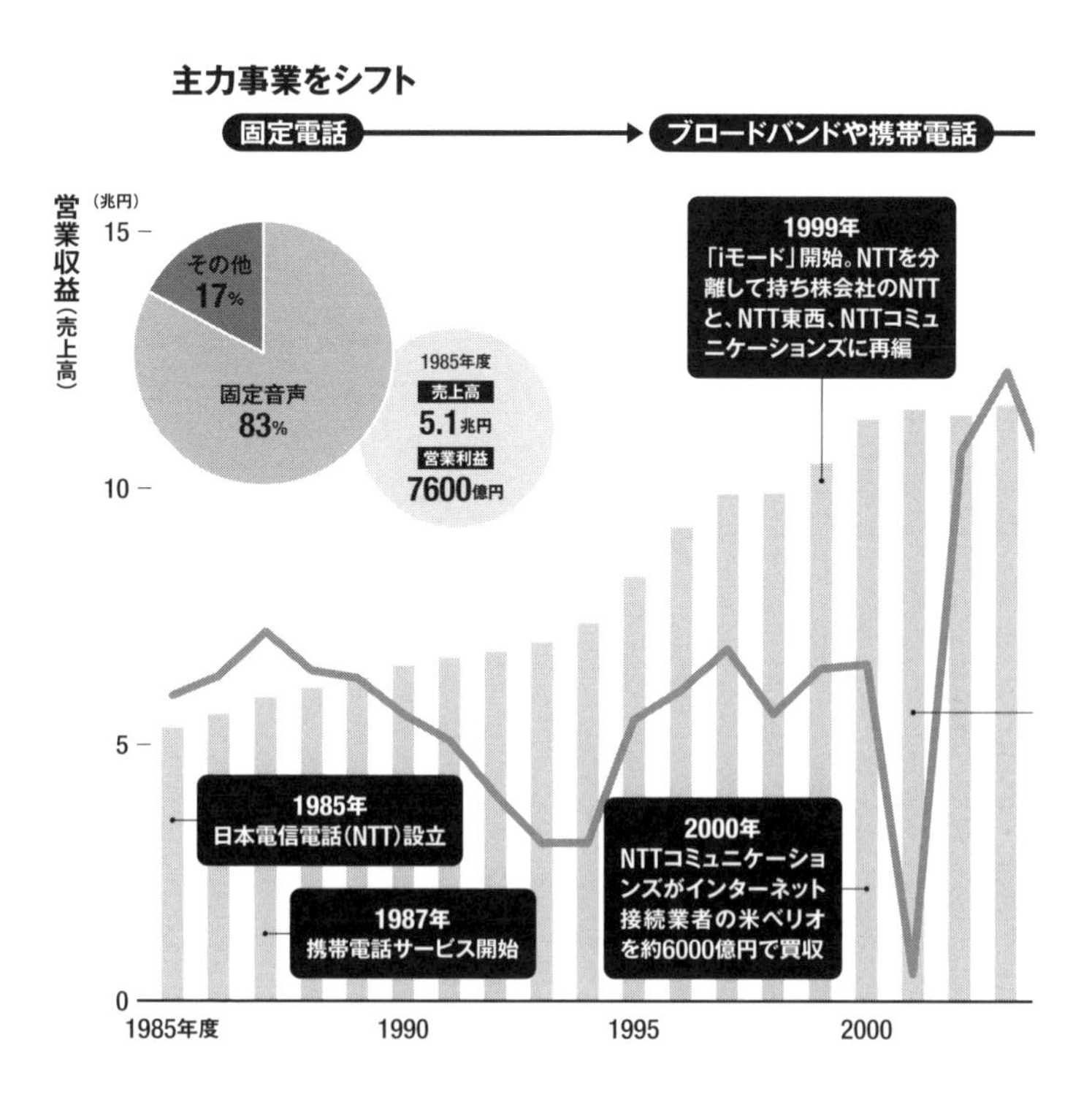
主力事業をシフト
固定電話
ブロードバンドや携帯電話
営業収益（売上高）
（兆円）
15
10
5
0
その他
17%
固定音声
83%
1985年度
売上高
5.1兆円
営業利益
7600億円
1999年
「iモード」開始。NTTを分離して持ち株会社のNTTと、NTT東西、NTTコミュニケーションズに再編
1985年
日本電信電話（NTT）設立
1987年
携帯電話サービス開始
2000年
NTTコミュニケーションズがインターネット接続業者の米ベリオを約6000億円で買収
1985年度
1990
1995
2000

ＮＴＴの今を知る

主力事業をシフトした約40年

約40年前の民営化当初は固定電話が収益のほとんどを占めたが、その後ブロードバンドや携帯電話、そしてグローバルビジネスと主力サービスを緩やかに変化させてきた。かつて80％超を占めた通話収入は13％まで減っている。現在の主力はシステム構築分野だ。２０００年代初頭、海外投資に大失敗したが２０１０年代に再開。ＩＴサービス分野で海外事業を拡大している。

研究開発組織を持つ世界でも特異な通信事業者

ＮＴＴは本格的な研究開発組織を保有する、世界でも類を見ない通信事業者。約２３００人の研究者を抱え、過去に光ファイバーの製造技術の開発などの成果を生み出してきた。通信事業者の米ベライゾンや米ＡＴ＆Ｔなどがライバルだが、日本有数の研究開発組織では生成ＡＩ（人工知能）なども研究しており、ＧＡＦＡＭなど米ＩＴ大手と比較されることも。ＮＴＴデータグループが注力するグローバルビジネス分野では、アクセンチュアや米ＩＢＭなどもライバルだ。

海外従業員比率は４割超、データセンターは世界３位

２０１０年代以降、海外企業を相次ぎ買収してきたＮＴＴ。34万人の社員のうち海外従業員比率が４割超に拡大するなど、急速にグローバル化している。注力する海外データセンター事業は、米エクイニクスなどに次ぐ世界3位のシェア。海外では通信事業者というよりも、ＩＴサービス企業としての性格が強い。

光回線のシェアは7割超、設備の開放を義務付け

ＮＴＴは国内の固定通信市場において高いシェアを維持している。光回線ではＮＴＴ東西が7割超のシェアを占めており、ＮＴＴ東西の設備は電気通信事業法において他の通信事業者への開放が義務付けられている。その貸出料金は総務相の認可制であるなど、厳しいルールが課せられている。

第2章

ドコモの病巣

生え抜きではないドコモ新社長

不文律を徹底破壊するＮＴＴ島田明社長流のサプライズ人事だった。ＮＴＴの島田社長は２０２４年5月10日、ＮＴＴドコモ次期社長として同社副社長の前田義晃氏を昇格させる人事を正式発表した。

前田氏は１９７０年生まれの54歳。60歳前後で社長に就任することが多いＮＴＴグループ主要会社の社長人事では大幅な若返りになる。若返りに加えて業界を驚かせたのが、前田氏がＮＴＴグループの生え抜きではなく、リクルート出身の転職組だった点である。ＮＴＴドコモの社長に、ＮＴＴの生え抜きではない人材が就任するのは前田氏が初めてだ。会見でその点を問われた島田社長は、「もはや中途採用やプロパー採用といった区別は考えていない。今ではグループの中でも4割近くが中途採用になっている。これからも中途採用された方がトップや幹部になるだろう。今回、前田さんがドコモを引っ張っていくというのは象徴的な人事になる」と語った。

ドコモ社長の座を巡っては、前田氏の対抗馬として、同じくドコモ副社長だった栗山浩樹氏（現ＮＴＴドコモ・グローバル社長）の昇格も有力視されていた。栗山氏は１９６１年生まれの63歳。東大法学部を卒業後、民営化一期生としてＮＴＴに入社した。頭の回転がずば抜けて早く、いわゆる「最早組（さいそうぐみ）」として早くから頭角を現し、ＮＴＴ持ち株会社でグループ全体の戦略を練るポジションを長く担当した。社内外で「いずれＮＴＴ持ち株会社の社長に」という呼び声も高かった人物だ。

前田義晃氏（撮影：加藤康）

かつてのＮＴＴであれば、栗山氏のドコモ社長昇格がすんなり決まっていただろう。そこをあえて島田氏は、ＮＴＴドコモ、そしてＮＴＴグループ全体を変える象徴的な人事として、前田氏のドコモ社長就任を決断したように見える。

「この令和の時代に珍しい熱い男」「（営業の）数字を厳しく求めてくる」――。ドコモ社内からは前田氏のキャラクターについて、このような声が聞こえてくる。

前田氏は30歳の時の2000年にNTTドコモへ転職した。出身こそリクルートだが、20年以上にわたってドコモ一筋であり、ドコモ育ちといってよいだろう。

前田氏が転職した当時のドコモは、iモード開始直後であり、飛ぶ鳥を落とす勢いがあった。前田氏はiモードチームの一員として、新たなiモード系サービスを次々に手掛けた。その後も前田氏は、共通ポイント「dポイント」やスマホ決済「d払い」などを担当し、2022年7月には金融・決済やコンテンツなどドコモにおける非通信事業を統括するスマートライフカンパニー長に就いた。以来、成長分野の事業責任者として重責を担ってきた。

「社長という大役を拝命して身が引き締まると共に、『熱いドコモ』をつくっていこうという思いでいっぱいだ」

ドコモ社長に就任した直後の2024年6月、前田氏は会見でこのように語った。経営方針として一番に掲げたのが「当事者意識をもつ」ということ。そして真っ先に取り組む課題に挙げたのが「通信サービス品質の向上」だった。

それもそのはず。2023年春先から首都圏を中心にドコモのネットワークがつながりにくいという声が目立ち、大きな問題となったからだ。長らく日本の利用者に定着していた「通信品質ならばドコモ」という神話はあっけなく崩壊した。なぜドコモはこのような状態に陥ってしまったのか。ドコモの社内は一体、どうなっているのか。

当事者意識に欠ける

「電波の入りが悪い」「つながらない」――。２０２３年春、ＳＮＳ（交流サイト）を中心に、ＮＴＴドコモの回線がつながりにくいという不満の書き込みが相次いだ。

普段からドコモ回線を使っている筆者も同時期、品質の著しい低下を実感していた。筆者の最寄り駅である東京23区内のＪＲ線駅前において、スマホの地図アプリを使って行き先を検索しようとしても結果が返ってこないのだ。電車が動き出して少しすると、つながるといった具合だ。筆者はドコモ以外の回線も複数使っているが、他社回線ではここまでつながりにくいことはなかった。

外部調査でも、国内大手通信４社の中で特にドコモ回線の品質低下を示す結果が出ていた。英調査会社オープンシグナルが２０２３年４月に公表したリポートによると、通信品質を示す項目で、ソフトバンクがＮＴＴドコモを抜いて首位となった。

「都市部や駅、駅周辺の一部混雑エリアで通信速度が低下する事象が発生している。新型コロナウイルス感染症の５類移行に伴う都市部への人流の戻りを読み誤り、エリアの調整が不足していた」

筆者の取材に対して、ドコモのネットワーク担当者は当時このように弁明した。渋谷や新宿など東京都心部の品質低下について２０２３年夏までに対策を進めることを表明した。ドコモは同年7月末、東京・渋谷や新宿を含む都内４エリアにおいて通信品質が改善したと報告した。だが周辺地域ではその後も「電波の入りが悪い」「つながりにくい」という声が出ていた。島田社長をはじめとしたＮＴＴ持ち株会社も、ドコモの通信品質問題について不満を募らせていた。

ドコモは重い腰を上げ２０２３年10月、通信品質改善に向けた会見を初めて開催した。ここで３００億円を投じ、全国約２０００カ所のエリアと約50の鉄道沿線について抜本対策に乗り出す方針をようやく対外的に公表した。

「今回の改善を確実にやり切る。安心して利用できるネットワークを提供することを約束したい」

ＮＴＴドコモの小林宏常務執行役員（当時）は会見でこのように説明した。データやＳＮＳを活用した品質改善が必要な場所の洗い出しや、マッシブＭＩＭＯと呼ばれる大容量通信を可能にする基地局の導入、いわゆる「パケ詰まり」を起こさないようにするための５Ｇから４Ｇへの切り替えの最適化に取り組むとした。

もっともこれらの対策は、ＫＤＤＩやソフトバンクなど競合他社がこれまで実施してきた取り組みばかりだった。本来であればＳＮＳで多くの不満の声が上がる前に、ドコモが率先して対応すべき内容といえた。

会見自体もＮＴＴ持ち株会社関係者から「ひどい内容だった」という声が聞かれたように、どこか他人事のような印象を与えた。利用者目線というよりは、時折ＮＴＴ持ち株会社などに対する弁明のように聞こえるシーンもあったのだ。そもそも新型コロナウイルスの５類移行に伴う人流の戻りは、ドコモ回線に限った話ではなく、ＫＤＤＩやソフトバンクなどのライバルも同様だ。疑問が増すばかりの会見だった。

なぜドコモ回線だけが著しく品質低下したのか。ドコモの内部事情に詳しいある通信関連アナリストは以下のように指摘する。

「ドコモの設備部門は計画経済のように硬直的に設備投資している。そのため、競合他社のようにタイムリーに通信品質の問題に対処できなかった」

ドコモが顧客視点と当事者意識をもっていれば、通信量の著しい増加に臨機応変に対応し、計画を前倒しするなどして通信品質の強化に向けた手を打てただろう。どこか他人事のような当事者意識の欠如が社内にまん延していることが、ドコモの通信品質問題を悪化させた可能性がある。

戦略ミスも通信品質低下の原因の1つとして浮かぶ。ドコモは、高速通信が可能な5G専用周波数帯を用いて速度を追求する「瞬速5G」というコンセプトでエリア展開を進めてきた。だが5G専用周波数帯は面的にエリアを広げることが難しく、5Gエリアが点在することで4Gとの切り替わりが頻繁に発生。それが結果的にパケ詰まりの頻発を招く一因となった。

ＫＤＤＩやソフトバンクは、まずは電波が飛びやすい４Ｇ周波数帯を５Ｇに転用してエリアを広げた。ドコモだけが当初、専用周波数帯を中心に５Ｇを展開したことで、他社との通信品質の差が生まれた可能性がある。

ＮＴＴの島田社長は筆者の取材に対して「（瞬速５Ｇについて）我々の戦略が甘かったという反省がある。技術を追求してしまい、顧客の満足度と合致しなかった。ちゃんとＣＸ（顧客体験価値）を追求していく思想が求められていることを再認識しないといけない」と語った。

ドコモの前田氏が社長就任の際に「当事者意識をもつ」という経営方針を改めて示したのは、ドコモ社内にまん延するこのような当事者意識の欠如を払拭したかったからではないか。かつてドコモは、チャレンジ精神が旺盛で自由闊達な社風が持ち味で、ｉモードのようなイノベーションを生んだ。今では「ＮＴＴグループの中で最大の課題」（ＮＴＴ幹部）と呼ばれるほど組織が硬直化し、大企業病がまん延しているのである。

「危機感がないんじゃないか」

ドコモに巣食う病巣を理解するために、時計の針をNTTによって完全子会社化された2020年に戻そう。

前田氏の前任としてNTTドコモ社長を務めた井伊基之氏は、社長に就任した2020年当時のドコモの印象について、筆者に以下のように語ったことがある。

「危機感がないんじゃないか、という感覚だった。なんでドコモはやらないのかという取り組みが多かった」

井伊氏は2020年12月、NTTによる完全子会社化の直後にドコモ社長に就任した。電電公社時代の1983年入社であり、NTT持ち株会社副社長時代にドコモを強化するプロジェクトなどに携わり、「破壊者」と呼ばれたNTT持ち株会社前社長、澤田純氏の懐刀だった。井伊氏は、江戸幕府で大老を務めた彦根藩・井伊直弼の末裔（まつえい）であり、その恰（かっ）

幅の良さもあって「社長」というより「殿」と呼びたくなるような雰囲気を持つ。井伊氏は、ＮＴＴ持ち株会社がドコモを変えるべく送り込んだ切り札だった。

井伊氏が社長に就任した２０２０年当時のドコモは、典型的な「ゆでカエル状態」（ＮＴＴ幹部）にあった。電話番号を変えずに他社に乗り換えられる「番号持ち運び制度（ＭＮＰ）」では10年以上、転出超過が続き、顧客流出が止まらなかった。「３～４年で数百万規模の顧客基盤が失われるままだった。トップシェアだから、他社に顧客を取られて当たり前という風潮がドコモにはあった」（ＮＴＴ幹部）のである。

井伊基之氏（撮影：柴仁人）

ＫＤＤＩやソフトバンクが、ＵＱモバイルやワイモバイルなど格安なサブブランドで顧客を積極的に奪いに来ても、当時のドコモは真っ向から対抗策を打ち出すことはなかった。こうしてドコモ発足当初は約６割あった携帯電話契約数のシェアも約４割まで落ち込んでいった。「モバイル事業は規模が大きく、それなりの収益・利益が上げられるため、シェアが落ちても社内には切羽詰まった危機感が全くなかった」（井伊氏）。

実際、井伊氏が社長に就任した2020年当時、ドコモのモバイル事業から得られる収益は、年2兆7400億円と依然として大きな規模だった。顧客基盤が徐々に失われているとはいえ、既に保有する数千万の契約数から毎月得られる数千円の月額収入は、掛け算をするとこれだけ大きくなるのだ。だがこの巨大なストック収入がドコモ社内の危機感を薄れさせ、社員から当事者意識を奪っていったのかもしれない。

NTTグループの主要会社で社長を務めたことがあるOBは、かつて筆者にこのように漏らしたことがある。

「優秀だった社員も、ドコモに移るとダメになってしまう」

ドコモは、NTT東日本や西日本、NTTコミュニケーションズ（コム）といったNTTグループの他の事業会社と比べると恵まれた事業環境にある。現状維持でなんとなく事業を進めていれば、ドコモではそこそこの結果を出せてしまう。他のNTTグループの事業会社で優秀だった社員も、ドコモに移ると、ぬるま湯の事業環境では堕落してしまうということだ。このぬるま湯の事業環境が、ドコモの社内を典型的な大企業病に陥らせた可能性がある。そしてこの大企業病が、シェア１位を確保しつつも、当時、営業利益でKDDIとソフトバンクに抜かれ「業界３位」に転落するというドコモの衰退をもたらした。

それでもドコモは、NTTグループの中で売上高の約４割、営業利益の約６割を占める稼ぎ頭であり、独立独歩の意識が強かった。１９９２年と早い時期にNTTグループから分離され、後に上場したこともその背景にある。NTTドコモ初代社長の大星公二氏がかつて「社名からNTTの名を外したい」と語ったことは今でも語り草だ。最近になっても、あるドコモ幹部が「（NTT持ち株会社は）モバイルのことが全然わかっていない」と平然と漏らすなど、NTT持ち株会社とドコモの間には常に緊張感が漂っていた。

だが２０１８年から２０２２年にかけてNTT持ち株会社の社長を務めた「破壊者」澤田氏が、そんなドコモを強引にねじ伏せた。第１章でも触れたように２０２０年９月、約４・３兆円もの巨費を投じて、完全子会社化すると発表したからだ。

「完全子会社化によって、NTTドコモの競争力強化・成長を図る。ドコモはNTTコム、

ＮＴＴコムウェアの能力を活用して、総合ＩＣＴ（情報通信技術）企業として成長してほしい」

ドコモを完全子会社化すると発表した会見の席で澤田氏はこのように語った。後に「ドコモコムコム」の通称で呼ばれる新ドコモグループの構想はこの時からあった。そして４・３兆円の巨費を投じる完全子会社化は、ＮＴＴ持ち株会社主導でドコモを立て直すという決意の表れでもあった。

「ショック療法」で再生へ

完全子会社化の後、２０２０年12月にドコモ社長に就いた井伊氏は、ドコモを立て直すべく「ショック療法」ともいうべき様々な施策をトップダウンで断行した。

コードネーム「市ヶ谷」――。井伊体制となったドコモがこう名付けた秘策が、２０２１年３月に開始したオンライン専用プラン「ａｈａｍｏ（アハモ）」だった。５分以内の国内通話かけ放題と20ギガバイトのデータ通信量がついて月額２９７０円（税込み）。他社と比べて格安な料金と、シンプルな提供条件が顧客に受け入れられ、実に12年ぶりというドコモのＭＮＰの転入超過を一時もたらした。

ドコモ起死回生の一打となった「ahamo」（写真：NTTドコモ）

２０２１年８月には、ドコモが長年ためらっていた家庭向けの５Ｇサービス「ホーム５Ｇ」も井伊氏のトップダウンで導入した。井伊氏はこう語る。

「他社が（ホーム５Ｇのようなサービスを）投入しているのに、これまでドコモ社内には『家の中にモバイルやＷｉ‐Ｆｉを吹く（飛ばす）のはドコモの仕事ではない』という意識があった。案の定、投入すれば売れた。人間はこれまでのやり方を変えるのが不安。でも変えなければ取り残されてしまう。だから社員がためらっていることをリーダーが先にやると決める」

2022年1月には、完全子会社化の時から構想にあった、長距離・国際通信やITソリューションを担うNTTコムと、ソフトウエア開発を手掛けるNTTコムウェアを子会社化し、新ドコモグループをスタートさせた。同年7月にはドコモで法人事業を担当してきた社員をNTTコムに集約するという再編のステップ2を実施し、営業開始30年という節目のタイミングでドコモは完全に新体制へと移行した。

生まれ変わった新ドコモグループの業績は、3社の統合結果が如実に出た。例えば2021年度の売上高に相当する営業収益は5兆8702億円、営業利益は1兆725億円と、KDDI、ソフトバンクを抜いて売上高、営業利益共に業界1位に再び返り咲いた。特に売上高1兆円規模、営業利益1300億円規模だったNTTコムを傘下とした効果は絶大だった。

もっとも単に3社を足し算した結果にとどまるのであれば統合した意味はない。シナジーを生み出しその力を用いて新たな成長を果たすことで、4・3兆円を投じて再編に踏み切った価値が生まれる。

新ドコモグループ発足に先立つ2021年10月に井伊氏が掲げたのが、2025年度の法人売上高を2兆円以上に、2025年度の売上高全体に占める法人事業と非通信事業に当たるスマートライフ事業の割合を50％以上にするという野心的な目標だった。これまでの主力の通信事業を売上高の半分以下とし、成長の軸足を完全に法人と非通信事業に移すという決意表明だった。そしてスマートライフ事業についても、2025年度の売上高を2021年度実績の倍増に相当する2兆円規模に拡大することもぶち上げた。

シナジー創出へ特命プロジェクト

新ドコモグループの成長に向けて大きな期待が寄せられていたのが法人事業だった。3社統合前の2020年度の法人事業の売上高を合算すると1兆6000億円。中期戦略の目標を達成するためには、5年で約4000億円も引き上げる必要があった。年平均成長率（CAGR）で見ると、4・6％の成長が求められる。だが足元の法人事業の成長率は2～3％にとどまっていた。

これだけの成長を遂げるためには、ドコモとNTTコムの法人事業の統合によるシナジー効果を早期に生み出すほかない。だが統合準備をする中で、ドコモとNTTコムの文化の違いが課題として浮かび上がった。

「実はドコモとＮＴＴコムはお互いのことをよく知らなかった」

ドコモとＮＴＴコムの法人事業統合前の２０２２年当時、ＮＴＴコムの社員がこのように打ち明けたことがある。ドコモとＮＴＴコムでは、その組織の成り立ちから注力エリア、文化に至るまでまるで違っていた。

例えばＮＴＴコムの法人事業は大企業を中心に、長い時間かけて全社的なシステム案件を獲得するというスタイルだった。展開エリアも大企業が集中する東名阪が中心であり、実はそれ以外の地域の攻略にはそれほど力を入れていなかった。他方のドコモは、モバイルを中心に商材を売るようなスタイルだった。全国に支社を持つことから展開エリアは広い地域に広がり、中小企業も対象に幅広く案件獲得に動いていた。

新ドコモグループで法人事業の責任者となったＮＴＴコムの丸岡亨社長（当時）は、こうした状況に危機意識を抱いた。そこで２０２２年１月、ある特命プロジェクトを発足させた。それが、ドコモとＮＴＴコムの文化を融合させ早期にシナジーを創出することを目指した「Ｇｏ　Ｔｏｇｅｔｈｅｒプロジェクト」である。

ドコモとＮＴＴコムの広報や人事のメンバー約30人でスタートしたこのプロジェクトは、両社の文化の違いを改めて深掘りしていった。組織長や従業員を対象にした大規模なアンケートからは、社員から「トップからの情報がもっとほしい」という切実な声が寄せられた。ＮＴＴによるドコモの完全子会社化が発表された２０２０年9月、ＮＴＴコムおよびＮＴＴコムウェアと連携する方針が明らかにされていたが、実は再編に関する詳細な情報は社員にほとんど知らされていなかった。

そこで特命プロジェクトは２０２２年5月、社内ポータルサイト「Ｇｏ　Ｔｏｇｅｔｈｅｒ」をオープンし、丸岡氏などトップのインタビューを掲載するなど、積極的な情報開示を始めた。ドコモからＮＴＴコムへと新たに移ってきた社員には、「お互いを知り、リスペクトし合い、みんなで世界を変えていきましょう」という丸岡氏のメッセージを添えた「ウェルカムパッケージ」を用意した。ＮＴＴコムの仲間になるドコモ社員向けに、業務で必要になるノートパソコンや社員証用のストラップ、名刺などをまとめたものである。ドコモとＮＴＴコムの一体感を醸成するための心配りだった。

シナジー創出に向けて社員の不安を取り除き、一体感を醸成する様々な取り組みが奏功したのだろう。2022年7月以降、ドコモとNTTコムが本格的に融合した法人事業はスムーズに立ち上がった。2025年度を最終年度とする中期戦略の折り返し地点に当たる2023年度の法人事業の業績は、売上高が1兆8817億円。対前年で4・2%の成長を遂げた。2024年度法人事業の業績予想は、売上高が対前年5・2%増の1兆9800億円であり、中期目標である2兆円の売上高の水準を1年前倒しで達成できる可能性も出てきた。

ドコモの完全子会社化から4年が経過した2024年。ドコモ再生に向けた手応えを得た井伊氏は5月10日、前田氏への社長交代を発表した。

「ドコモグループはこの4年間で進めてきた変革により、お客さまの期待を超えるような驚き、あるいは感動をお届けできる会社に生まれ変わり、これから成長するというフェーズに入った。この成長のためには経営陣の世代交代が必要と考えて、思い切って社長、副社長の全員を若手に刷新する」

ＮＴＴコムについても２０２０年６月から社長を務めていた丸岡氏から、常務執行役員の小島克重氏に交代することも発表した。小島氏は１９６６年生まれの58歳。ＮＴＴコムの営業畑が長く、法人営業のエースとして知られていた。ドコモの再生・成長は、54歳の前田氏や58歳の小島氏など、新しい世代に引き継がれることになった。

「進駐軍」と現場の軋轢

ドコモ再生に向けて大ナタを振るい足場を固めた井伊氏。その一方で、いくつかの課題も残した。その１つがドコモ経営層と現場社員との間の軋轢である。

「井伊氏は（ＭＮＰばかりを重視する）ＭＮＰマンだ」「いい（井伊）社長ではなく悪い社長だ」――。当時、ドコモ社内からは井伊氏をこのように揶揄するような声ばかりが聞こえてきていた。ドコモのプロパー社員は、ＮＴＴ持ち株会社からドコモ経営層に続々と送り込まれる幹部を、第２次世界大戦後、日本に進駐した連合国軍である「進駐軍」になぞらえる向きもあった。ドコモ経営層と現場社員との間に距離が生じ、現場の情報が経営層に十分に上がっていないような様子も見受けられた。

一般的に、井伊氏が進めたようなトップダウン経営は、現場の社員が指示待ち人間ばかりになることが多く、現場の問題をタイムリーに発見できなくなるという弊害が指摘される。2023年に問題となったドコモの通信品質問題は、こうした弊害が状況を悪化させた可能性もある。


金融・決済などの非通信事業に当たるスマートライフ事業の進捗の遅れも、残された課題の1つである。2023年度のスマートライフ事業の売上高は1兆908億円にとどまった。2025年度に2兆円という目標に到達するには、残り2年で9000億円以上も引き上げる必要がある。

非通信事業の本丸である金融・決済分野では、KDDIやソフトバンク、楽天グループといったライバルと比べて、ドコモのポートフォリオの貧弱さが目立つ。KDDIやソフトバンクは、長年のM&A（合併・買収）や出資によって、証券会社から銀行までを自社グループにそろえている。

KDDIは傘下にauじぶん銀行、auカブコム証券を持ち、ソフトバンクもPayP

ａｙ証券、ＰａｙＰａｙ銀行を持つ。金融・決済が第2の祖業ともいえる楽天グループも、楽天証券、楽天銀行を持っている。対するドコモは２０２３年10月に約５００億円を投じてマネックス証券を子会社化すると発表するまで、自社グループに証券会社も銀行も持たなかった。

ドコモの金融・決済事業のポートフォリオ拡充が遅れたのは、いくつかの理由がある。当初、ドコモは多くの金融機関との等距離外交を重視したことで、「自分たちのサービスを整える取り組みが遅れてしまった」（ＮＴＴの島田社長）というのが理由の１つだ。さらに２０２０年に電子決済サービス「ドコモ口座」で不正引き出し事件が発生し、それ以来、ドコモが金融事業の進出に慎重になったという理由もある。

ただ顧客視点で考えると、自社に銀行を持っていたほうが顧客の体験価値は向上する。金融・決済系サービスにはお金が必ず必要になる。その起点となるのは利用者がお金を預けている銀行だ。シームレスにサービスを連携させるには自社で銀行を持っていたほうが有利に働く。スマートライフ事業で非連続な成長を遂げるためにも、顧客の体験価値を高めるためにも、Ｍ＆Ａも駆使し、残された金融・決済分野の大きなピースである銀行業の参入がドコモには必須だろう。

屋台骨である通信事業にも課題が残る。ドコモはオンライン専用プラン「ａｈａｍｏ」の投入で、一時ＭＮＰによる顧客流出を食い止めた。だがその効果は長く続かなかった。最近では再び顧客流出が進んでいると見られる。

顧客流出を食い止めるためにドコモは２０２３年7月、主力プランを見直し、新たに低価格帯の新料金プラン「ｉｒｕｍｏ（イルモ）」を開始した。イルモの契約数は順調に増え、顧客流出を食い止める一方で、モバイル事業の収益に大きな影響を与えるＡＲＰＵ（一契約当たりの月間平均収入）の低下を招いている。２０２４年3月末時点のドコモのＡＲＰＵは対前年マイナス70円の３９８０円と下落傾向が続く。それに伴ってモバイル事業の売り上げを示すモバイル通信サービス収入も対前年でマイナスとなった。

ＫＤＤＩやソフトバンクは、官製値下げの影響で減収が続いていたモバイル事業の売り上げが２０２３年度にプラスに転じた。ドコモは通信事業においても、今一度競争力を高める必要がある。

就任早々、現場で実地調査

これらの課題が残る中、2024年6月に社長に就いた前田氏は、ドコモの再生・成長に向けて、どんなかじ取りを進める考えなのか。

社長就任から間もない6月26日午後、JR山手線の電車内に前田氏の姿があった。山手線を一周する通信品質の調査に社長である前田氏が参加したのだ。都心有数の混雑地域であるJR渋谷駅では駅を降りて周囲の通信品質も体感した。

「山手線をぐるっと回った際、新宿駅周辺や東京駅周辺では、（パケットが）詰まる感覚があった。これらの地点では改善が必要だが、渋谷駅周辺はだいぶ改善していた。現場の感覚を経営層がわかっていないのはまずい。それには自分が実体験するのが一番早い。今回に限らず、現場にどんどん行こうと思っている」

社長就任直後、筆者のインタビューに応えた前田氏はこのように話した。社長就任会見で強調した「当事者意識をもつ」という経営方針について、現場に足を運ぶことで、その意識を見せたといえる。また井伊体制で散見された経営層と現場の距離を近づけるという狙いもあったのかもしれない。

通信品質については英調査会社オープンシグナルの評価指標において、2024年度末までにナンバー1を目指すという目標も打ち出した。通信品質の改善に向けて、急ピッチで取り組みを進めている様子だ。

出遅れた非通信事業、特に銀行業の参入について前田氏は「2024年度中に目途をつけたい」と話す。このスピード感で参入を目指すのであれば、M&Aが視野に入るだろう。2025年度にスマートライフ事業において2兆円の売上高を目指す目標についても「2024年度にどれだけM&A案件を積み上げられるのかによる。目標達成を諦めたわけではない」と前田氏は強調した。

もっとも銀行業参入を果たすだけでは、KDDIやソフトバンクなどライバルにキャッチアップするにとどまる。ここに来てKDDIやソフトバンクは、非通信事業について、その先のステップへと駒を進めるような取り組みを加速している。

例えばKDDIは2024年2月、約5000億円を投じてコンビニ大手ローソンに対してTOB（株式公開買い付け）を実施すると発表した。

通信品質について自ら足を運んで調査した（写真：NTTドコモ）

KDDIの髙橋誠社長は筆者の取材に対してこのように話す。

「我々はauユーザーに対して垂直統合で素晴らしい体験をしていただきたいという思いが強い会社。これまでEC（電子商取引）から金融・決済、電力といったサービスを垂直統合して通信サービスと組み合わせてきた。その延長上に（ローソンの）リアル店舗を付け加える必然性があった」

非通信分野の競争ではソフトバンクや楽天グループが通信サービスにとらわれないオープン戦

略で成長を目指す一方、ＫＤＤＩは垂直統合モデルで成長を目指す戦略に踏み切った。髙橋社長は「オープン戦略を取る人たちは、これから苦労するだろう。経済圏競争では規模が求められるといわれる。実はポイントもＱＲコード決済も、ほとんど利益を生まない。ベースとなる通信ＡＲＰＵと（コンテンツサービスなどの）付加価値ＡＲＰＵを引き上げなければ、事業は拡大しない」と強調する。

ソフトバンクもＰａｙＰａｙ上場を準備する一方で、生成ＡＩ（人工知能）への大規模な投資を進め、中長期的には「次世代社会インフラ」と名付けた分散型ＡＩデータセンターを構築する戦略を打ち出している。前田氏は非通信分野の取り組みについて、どのような方向を目指す考えなのか。

「（ＫＤＤＩの）髙橋さんの考えもなるほどと思うが、私はマーケットにたくさんのプレーヤーがいて、エンドユーザーが様々な選択肢を持っていたほうが便利な分野については、（オープン戦略のほうが）全体の成長につながると捉えている」

前田氏はこのように話す。銀行業のような顧客体験価値の向上につながる分野は自ら機能を持つ考えの一方で、オープンに様々な企業とパートナーシップを組んで経済圏を拡大させる取り組みも進めるということだ。

「ドコモが持つデータを生かし、企業のビジネスを成長させる『マーケティングソリューション』事業を展開している。自分たちだけしかデータを使えないようにするのはもったいない。これらの分野はオープン戦略が向いている」と前田氏は続ける。

ＡＲＰＵ下落傾向が続く通信事業の課題について前田氏は「ドコモは他社と比べて低価格帯に注力するタイミングが遅かったことが、ＡＲＰＵの下落傾向に影響している。現時点で最も重要視しているのはシェアを減らさないこと。ＡＲＰＵが一定程度下がってしまうかもしれないが、非通信分野のサービス収入で補いたい」と説明する。

❖　❖　❖　❖　❖

長年にわたって組織をむしばんできた病巣を取り除くべく、前田氏による新たな体制が動き出したドコモ。近年は大企業病に陥り輝きを失っているとはいえ、ドコモが持つポテンシャルは大きい。約1億のdポイントの会員基盤とデータ、約9000万の携帯電話の契約数、そしてリアルとデジタルの顧客接点――。ドコモは社会を変える大きなパワーを持つ国内では数少ない会社の1つだ。

「ドコモを、社会を変える原動力になるような会社にする。そのためには、やんちゃな人が目立つようにしたい。社員に火をつけるのが私の仕事だ」

前田氏はこのように熱く語る。「令和の時代には珍しい熱い男」と言われる前田氏のリーダーシップによって、ドコモは再び輝きを取り戻せるか。若返りした新たな世代の経営陣に宿題が託された。

第3章

インターネットの次

過去最低を記録した日本のデジタル競争力

日本の「デジタル赤字」は5・5兆円にまで拡大――。２０２４年2月、こんなニュースが日本を駆け巡った。

デジタル赤字とは、デジタル関連サービスの国際収支における赤字のこと。私たちの暮らしに欠かせなくなったスマートフォン（スマホ）上のアプリケーションや動画配信サービス、クラウドサービスなどの多くが今では海外製だ。これらのサービスを日本で利用するたびに、アプリやサービスの利用料として海外への支払いが増えていく。

財務省の国際収支統計によると、こうしたデジタル赤字は直近5年で約1・7倍に膨らんだ。ちなみに日本のインバウンド（訪日外国人）関連消費を含む黒字額は3・6兆円。最近増えてきた訪日外国人によるインバウンド消費を軽く吹き飛ばす規模で、日本のデジタル赤字は拡大している。

日本の情報通信産業の国際競争力も地盤沈下が進む。スイスの国際経営開発研究所（ＩＭＤ）の調べによると、２０２３年の日本のデジタル競争力は世界64カ国・地域のうち32

位。過去最低を記録した。

かつての日本は世界に冠たる情報通信大国だった。例えばＮＴＴドコモが１９９９年に開始した「ｉモード」。これまで「もしもしはいはい」の端末だった携帯電話に、モバイル・インターネットという新しい扉を開けた。だが世界進出に頓挫し、逆にｉモードのビジネスモデルを徹底研究したといわれる米アップルや米グーグルが生み出した新たなイノベーション、スマホによって日本を含む世界中を席巻されてしまった。

ｉモードをはじめとしたケータイは、日本固有種としてガラパゴス化し、進化の袋小路に陥った。その結果、日本の端末メーカーは次々と市場撤退を余儀なくされた。

インターネットの特徴は、規模の経済性が働く点だ。ここで主導権を握った企業は「勝者総取り（ウィナー・テイク・オール）」となる。インターネットからスマホに至るまで、米国を中心とした巨大テック企業が規模の経済性の勝者となったことが、日本をデジタル赤字の膨張に追い込んだ。

日本の情報通信産業の代表的な存在であるＮＴＴは１９８９年、時価総額で世界首位に立った。だが２０００年代半ば以降、米アップルや米アルファベット（グーグルの持ち株会社）、米アマゾン・ドット・コムなどに軒並み追い抜かれていった。序章でも触れた通り、ＮＴＴが内向き志向にとらわれ、規制強化をかわすために不振を装っているうちに、巨大テック企業の背中が見えないほど引き離されてしまったのだ。

日本は現状、海外の巨大テック企業に手数料を支払い続け、「働けどはたらけどなお、わがくらし楽にならざり」を地で行く「デジタル小作人」の立場に甘んじている。日本はこのまま世界の情報通信産業において、勝ち筋を見いだせないまま地盤沈下を続けるしかないのか。

こんな状況を覆そうと動いているのが、実はＮＴＴである。世界の情報通信産業をもう一度塗り替えようと全社一丸となって進める、光技術をベースにした次世代情報通信基盤「ＩＯＷＮ（アイオン）」が、予想を上回るスピードで動き始めている。

海外と結ぶ初のＩＯＷＮ

「ハッピーバースデー、ディア、アイオン」

台湾と日本を結ぶ初のIOWNが開通した（提供：中華電信）

２０２４年８月末、東京・武蔵野市にあるＮＴＴの研究開発拠点「ＮＴＴ武蔵野研究開発センタ」のホールにこんな歌声が響いた。

ホール舞台上にはピアノとフルート奏者、そして司会の男性がいる。もう一方の歌声は、武蔵野市から約３０００㎞離れた台湾の北西部、桃園市の会場から映像と音声が送られている。これだけ距離が離れているにもかかわらず、両会場の歌声はあたかも同じ会場で演奏しているかのように違和感なく交わり合った。

約３０００㎞離れた両会場をつないだのが、実はＮＴＴが推進するＩＯＷＮの技術だ。ＩＯＷＮの商用第１弾となるネットワークサービス「オールフォトニクス・ネットワーク（ＡＰＮ）」を用いて、台湾の大手通信事業者である中華電信とＮＴＴが、初の国際間通信を開通させた。そのことを記念してセレモニーを開いたのだ。

ＡＰＮとは、情報を光信号のままやり取りする高速専用道路のようなネットワークである。光の速度は宇宙で最も速く、情報をやり取りする際の時間差はほとんど生じない。約３０００km離れた東京・武蔵野市と台湾間の映像や音声の時間差も、ＡＰＮを用いると、０・０１７秒ほどに収まったという。

通常のインターネットを使うと、これだけ離れた場所で同時演奏することは難しくなる。インターネットの場合、途中で光信号から電気信号に変換されることがほとんどだ。またインターネットでは通信の混雑時や瞬間的に断絶（瞬断）した際に、データをもう一度、送り直す仕組みが備わっている。これが多少の不具合でも粘り強く、通信をやり取りできるというインターネットの特徴をもたらす。だが一方で、情報の再送などによって、情報のやり取りの際にどうしても時間差が生じる。インターネットを使って東京・武蔵野市と台湾間でやり取りする場合、およそ0・2～0・5秒の時間差が発生するという。ＡＰＮを使った場合と比べて10～30倍も時間差が大きくなる。ＩＯＷＮのＡＰＮを活用したことが、約３０００km離れた地点でもアンサンブルを可能にした理由だった。

「ＩＯＷＮのＡＰＮはグローバル企業の業務を向上させるチャンスになる。例えば（データの）バックアップを（日本と台湾間で）取れるようになることは非常に重要だ」

セレモニーに参加した中華電信の郭水義会長は、日本と台湾を結ぶ国際間ＩＯＷＮネットワークサービス開通の意義をこう述べた。

台湾には、台湾積体電路製造（ＴＳＭＣ）など半導体関連で世界をリードする重要企業が集まっている。一方で台湾周辺は、中国の海洋進出によって緊張感が増している。仮に「台湾有事」が起きた場合、台湾の半導体関連企業はもちろん、世界の情報通信産業全体のサプライチェーンにその影響が広がりかねない。企業活動を支える最新データを時間差なく日本などにもバックアップできれば、事業継続に役立つ。中華電信の郭会長のコメントからは、有事の際に役立つ存在としてＩＯＷＮに期待している様子が伝わってくる。

生成ＡＩによる電力消費の爆発

ＩＯＷＮとは、高速でエネルギー効率に優れた光技術をネットワークからコンピューティ

NTT R&D FORUM 2023にて（撮影：加藤康）

ング基盤に至るまで活用し、世界のインターネットや情報処理基盤を根こそぎ変革していこうという技術基盤のことである。ＮＴＴが２０１９年に発表した。

ＩＯＷＮは、前述のＡＰＮのような光技術を用いたネットワークサービスにとどまらず、サーバーやパソコン、最終的にはスマホのようなデバイスにまで光技術を導入していくことを狙う、野心的な構想だ。

あらゆるデバイスにＩＯＷＮの光技術を導入していくと、どんなメリットが生まれるのか。最大のメリットは、従来の電気信号を使う場合と比べて電力消費を大幅に削減できる点である。

現在、世界の情報通信で使われているネットワーク機器やサーバー、これらを集中処理するためのデータセンター、我々が日常的使っているパソコン、スマホなどは、ほぼ電気信号を用いて処理されている。通信や演算などの情報処理が発生するたびに電力が消費される。電気信号の場合、電気抵抗が存在する金属や半導体の中に信号を通す必要があるため、高速・大容量で伝送すればするほどエネルギー損失が大きくなり熱が発生する。データセンターにおいては、これらの熱を冷ますために大規模な冷却装置が必要になり、ここでも多くの電力が消費される。

現在、生成ＡＩ（人工知能）のブームによってデータセンターの電力消費量が急増している点が、世界で課題となっている。

生成ＡＩをつくるには、大量のデータを使った膨大な計算処理が必要だ。最近では生成ＡＩの性能指標であるパラメーター数が数百億、数千億を超えるタイプが登場しており、この規模の生成ＡＩの構築には、原発1基1時間分に相当するような１３００メガワット時もの発電能力が必要といわれている。

データセンターの電力消費量は今後もどんどん増えていく。国際エネルギー機関（ＩＥＡ）は２０２６年の世界のデータセンターの電力消費量が、２０２２年の約２倍に相当する１０００テラワット時に増えると試算する。電力シンクタンクの電力中央研究所も、

２０２１年に９２４０億キロワット時だった日本の電力消費は２０５０年には最大で約４割増えると予測する。データセンターの電力消費量の急増が１つの要因と指摘する。

人類が生み出すデータは年々拡大してきた。これまでは過去50年にわたって、電子産業をけん引してきた「ムーアの法則」によって、データ量の拡大による消費電力の爆発を抑えられた。ムーアの法則とは、微細化技術の進展でＣＰＵ（中央演算処理装置）の性能が1年半で2倍になるという経験則だ。データ量が増えてもＣＰＵの性能向上で消費電力の増大をカバーできたのだ。

だが生成ＡＩによる膨大な計算処理の需要は、ムーアの法則による性能進化ではカバーできないペースになってきた。さらにムーアの法則自体も、半導体の微細化に陰りが見え、動作周波数と消費電力の両面で進化の壁に直面している。

ＩＯＷＮはこのような消費電力増大の課題を、エネルギー効率に優れた光技術をあらゆる領域で活用することで抜本的に解決していくことを目指している。ネットワーク機器からサーバー、データセンター、パソコンなどあらゆる情報通信基盤に使われている電気信号を光信号に置き換えることで、電力消費を一気に抑えていくのがＩＯＷＮの狙いだ。

最終的にＩＯＷＮが目指す電力効率の目標は現在の１００倍。このほか伝送容量も同１２５倍、エンド・ツー・エンドの遅延も同２００分の１にするという極めて野心的な目標を掲げた。ＩＯＷＮの目指す性能が実現できた際には、最終的にはスマホの充電回数が１年に１回ぐらいに抑えられるのも夢ではない。

ＩＯＷＮの可能性は、世界の情報通信基盤の電力消費削減にとどまらない。現在の電子機器を中心とした情報通信産業をデバイスレベルから光技術へと塗り替えていくことで、ＮＴＴをはじめとした日本勢が、再び世界へと挑む武器になる可能性がある。現在の延長線上のテクノロジーをベースにする限り、大きなシェアを持つ既存プレーヤーが有利な状況を覆すことは難しい。だがデバイスのレベルで光技術を用いた回路へと塗り替えられると、既存プレーヤー以外に大きなチャンスが生まれるからだ。

ここに来て日本政府もＩＯＷＮを積極的に後押しする動きを見せている。それはＩＯＷＮが、日本が直面するデジタル赤字の拡大を解消し、デジタル分野の国際競争力を向上させる切り札になる可能性があるからに他ならない。ＩＯＷＮは、ＮＴＴにとって乾坤一擲（けんこんいってき）となる過去最大の大勝負といえる。

「インターネットの次をやりませんか」

ＩＯＷＮのコンセプトを生み出し、世界進出に向けてプロジェクトを旗振りするのが現在、ＮＴＴ持ち株会社で副社長を務める川添雄彦氏だ。川添氏はＩＯＷＮの名付け親であり、生みの親の１人である。

川添氏は早稲田大学大学院理工学研究科修了後の１９８７年、ＮＴＴに入社した。入社直後からＮＴＴ研究所の配属となり、衛星通信システムやパーソナル通信システム、放送と連携したブロードバンドサービスなどの研究開発に取り組んだ。以来、ＮＴＴグループの事業会社を経験することがない「研究」系人材としてキャリアを築いてきた。

ＮＴＴの多くの研究系人材は、真面目を絵に描いたような話し下手な人が多い。しかし、川添氏にそれは当てはまらない。話し上手でメディアにも積極的に登場し、ＩＯＷＮの可能性を熱く語る。若いころウインドサーフィンを嗜んだ経験を持つことから、日本ウインドサーフィン協会の会長も務める。関わりのあるコミュニティーも多彩だ。

「インターネットの次をやりませんか？」

今から6年前の2018年、NTT社長に就任する直前の澤田純氏に呼ばれた川添氏は、このように持ちかけた。

当時、川添氏が抱いていた問題意識は、インターネットがもたらした「数の論理」の課題だった。インターネット普及前の1990年代以前、世界のビジネスは「質の論理」で動いていたと川添氏は語る。高品質な製品やサービスを生み出すことが価値となり、よい製品をつくり出すことがビジネスに成功につながった。その代表例が日本の製造業だ。日本の自動車産業や家電産業は、生産工程の改善を繰り返したことで、高い品質と低価格を実現し、世界を席巻した。

だが2000年前後に本格化したインターネットが、世界のビジネスを「数の論理」に塗り替えた。米グーグルや米アマゾンといった巨大テック企業は、国を超えて利用者から大量のデータを集め、データ

IOWNの旗振り役であるNTTの川添雄彦副社長
（撮影：的野弘路）

に基づいた広告や電子商取引（ＥＣ）を展開した。多くの利用者とデータを集めることによって、世界の巨額の富を集めるに至った。日本企業は「質の論理」による成功体験にとらわれ、「よい製品をつくれば世界で売れる」という考え方から脱却できなかった。それが現在の日本のデジタル赤字増大を生んだ一因といえる。

では、このインターネットによる「数の論理」は永久に続くのか。川添氏は「世界には様々な価値観があり、それを求める人も多い。次に『価値の論理』の時代が訪れる可能性がある」と続ける。世界に散在する様々な価値を尊重する時代に向けて必要になる新たなインフラ。それこそが「ＩＯＷＮだ」と川添氏は強調する。

ＩＯＷＮでは、インターネットに使われる通信プロトコル（通信規約）「ＴＣＰ／ＩＰ」のほかに、用途に応じて様々な通信プロトコルを利用できる。台湾と日本を結んだＩＯＷＮのネットワークのように、インターネットでは難しい時差を極力なくした情報のやり取りも可能になる。

インターネットは回線の混雑状況によって通信品質が変わるベストエフォート型の通信だ。このようなインターネットの限界が、これまでネットサービスに制約を加えてきた。「価値の論理」の時代には、インターネットの限界を超えた、フレキシビリティーを持つ新たなインフラが求められるということを川添氏は言っているわけだ。

ちょうどそのころ、ＮＴＴの研究所において、ＩＯＷＮのベースとなる研究成果が形になりつつあった。２０１９年４月、英科学誌「ネイチャーフォトニクス」に論文が掲載された「光トランジスタ」がそれだ。

ＮＴＴの研究所は、ナノフォトニクスと呼ばれる微細化技術を用いて、わずか10×15㎛（μは百万分の1）の基板上に、入力された光信号をスイッチ操作したり増幅したりできる光のトランジスタを実現した。トランジスタは、信号処理のベースとなるデバイスである。トランジスタを大量に集積したのがＣＰＵだ。

この光トランジスタは光信号のみの入出力で動作するデバイスだが、実は内部で光信号から電気信号、そして電気信号から光信号へ再び戻す構造になっている。光信号と電気信号を変換する技術が「光電融合」である。従来は光信号から電気信号へと変換する際に生じる電荷はごくわずかで、電気信号に変換する際に電気増幅器が必要だった。せっかくエネルギー効率に優れた光信号を扱ったとしても、電気信号に変換する際の増幅でエネルギー消費が増えてしまう課題があった。

ＮＴＴが開発した光トランジスタは、微細化技術を用いることで、電気信号に変換する際に生じるごくわずかな電荷量でも再び電気から光へ変換できるようにした。信号変換に必要なエネルギー量を、ほぼ光だけでまかなえるのだ。ＮＴＴは光技術の研究開発を１９６０年代から進めてきた。脈々と続けてきた基礎研究の歴史が、ブレークスルーにつながった。

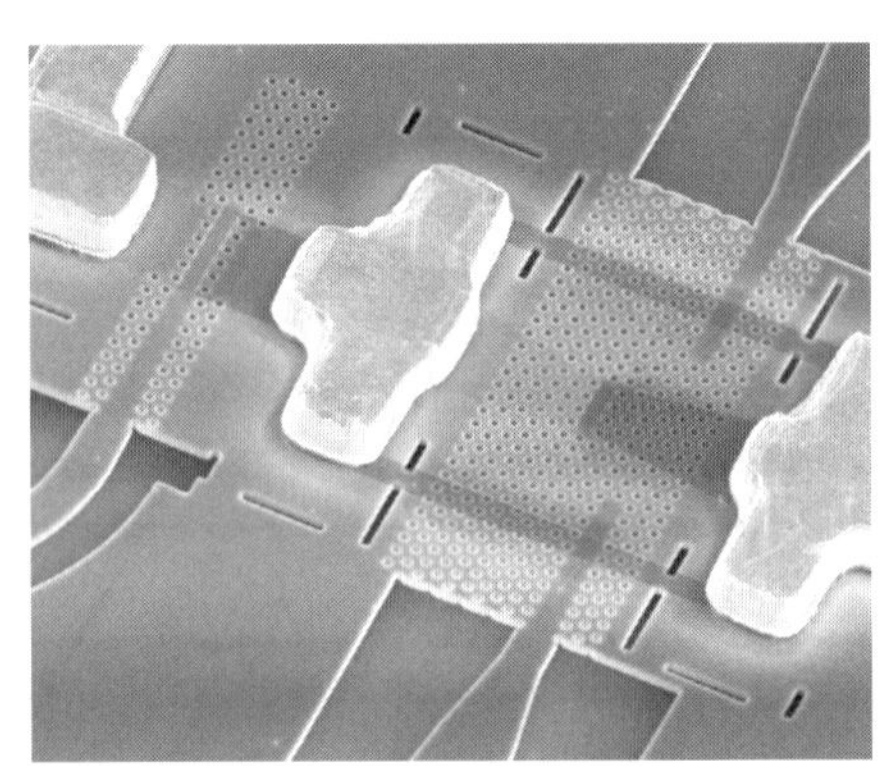

NTTの研究所が開発した「光トランジスタ」（提供：NTT）

この光トランジスタが、２０１９年にＩＯＷＮ構想を発表する大きなきっかけになった。論文の発表当時、まだ基礎的なレベルですぐに実用化できる段階にはなかったが、電気信号で動く計算処理の基盤を光信号に置き換えられるという道筋を示したことが大きかった。「（当時ＮＴＴの社長だった）澤田と共に『光技術で新しいイノベーションを起こそう』という話になり、ＩＯＷＮ構想をまとめた」と川添氏は当時を振り返る。

世の中の情報通信基盤を一気に光信号に変えることは難しい。微細化が進む電子回路と比べて光技術を使った回路は相対的にサイズが大きいためだ。そこでＩＯＷＮでは、光技術の微細化の進展に伴って、光信号を活用するエリアを段階的に広げていく絵を描いた。

具体的には、光信号と電気信号を変換する光電融合デバイスを徐々に小型化し、微細化が難しい部分は直前で光信号から電気信号に変換するというアプローチだ。サーバーのボード間からチップ間、最終的にはチップ内などと、微細化のステップごとに光信号で処理する部分を増やしていく。

こうしてＮＴＴが再び世界に挑戦する一大プロジェクト、ＩＯＷＮが産声を上げた。

サーバー構造も一新

ＮＴＴはＩＯＷＮの発表当初、２０３０年ごろの実現を目指すとしていた。電力効率を１００倍に高めるような光電融合デバイスの小型化や量産化は、10年単位の時間がかかると捉えていたからだ。

だが発表から5年が経過し、ＩＯＷＮの展開は加速している。２０２３年3月には前述のＩＯＷＮの光技術を活用したネットワークサービスを「ＡＰＮ ＩＯＷＮ1・0」として商用化した。「このような大きなイノベーションはもっと早く世の中に出していかなければならない。できるところから商用展開を進めていこうと考えを改めた」と川添氏は打ち明ける。ＩＯＷＮは、構想から社会実装へと歩みを早めている。

ＮＴＴはＩＯＷＮの商用展開について、光電融合デバイスの小型化に伴って、4段階のステップを踏むロードマップを描く。第1弾のＡＰＮ ＩＯＷＮ1・0は第1世代の光電融合デバイスを用いた通信用途だ。国際通信回線やデータセンター同士を結ぶような活用を想定する。これまでの光ファイバーを使った通信サービスとは異なり、途中で電気信号へ変換しない。回線の端から端まで光信号で通信する点が特徴だ。

第2弾の「ＩＯＷＮ2・0」からは、通信からコンピューティング領域へと適用範囲を広げる。第2世代の光電融合デバイスを用いて、サーバーなどコンピューター内部のボード同士を光でつなぐ。電力効率は従来の8～13倍を達成する目標であり、2025年度の商用化を目指す。2025年4月に開幕する大阪・関西万博がＩＯＷＮ2・0のお披露目の場になる見込みだ。

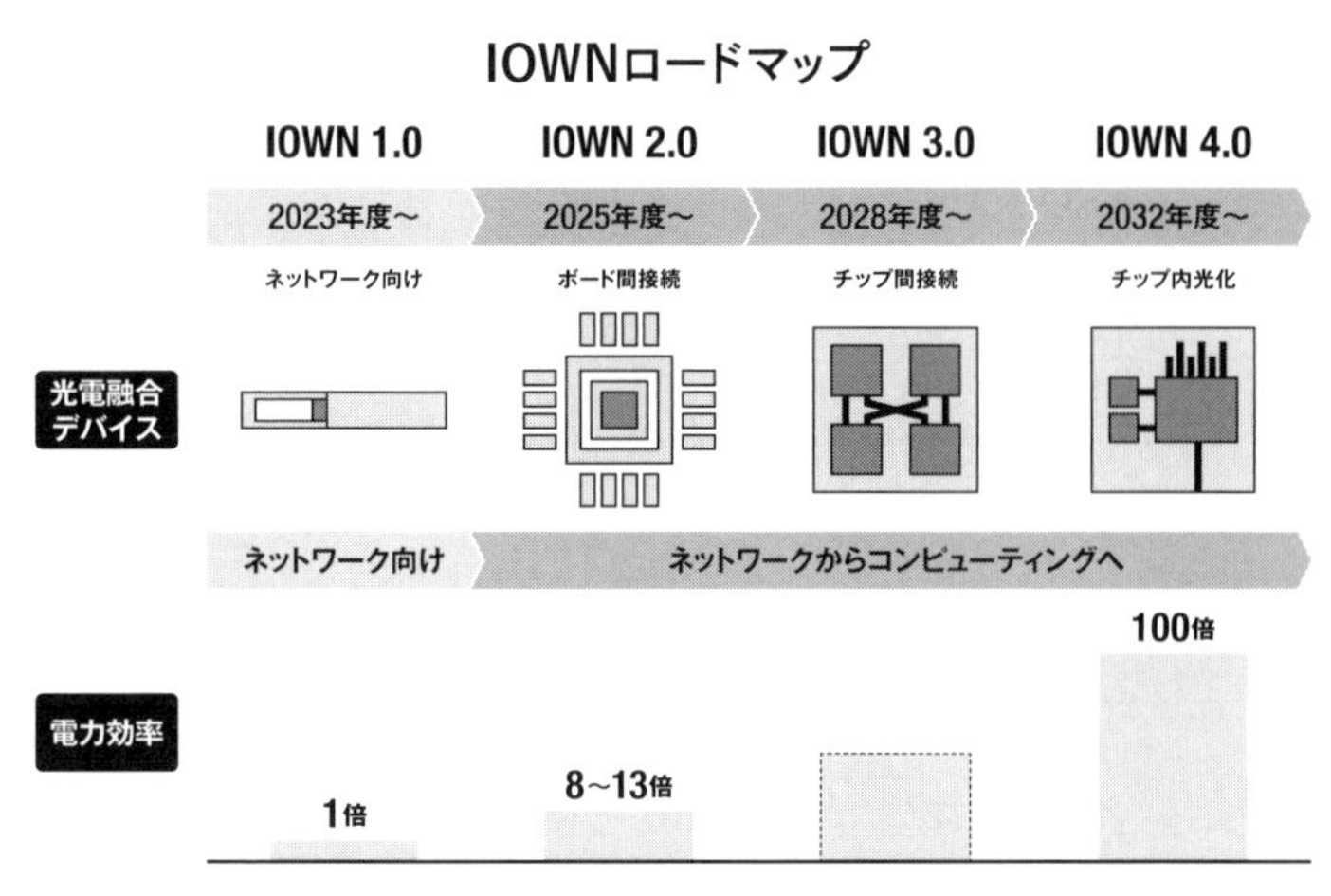

IOWNは光電融合デバイスの小型化に伴って4段階のステップで進化

第3弾の「IOWN3・0」は2028年度の商用化を目指す。IOWN2・0で使う光電融合デバイスをさらに小型化し、半導体チップ間の接続までを光でつなぐ。IOWN2・0と比べて電力効率をさらに高める目標だ。

そして最終段階の「IOWN4・0」は、2032年度の商用化を目指し、超小型の光電融合デバイスによってチップ内を光化する。光半導体を実現することになり、電力効率は最終目標である100倍を達成することになる。

IOWN進化の大きなステップになるのが、コンピューティング領域へと進出するIOWN2・0だ。光電融合デバイスを、サーバー内の各種ボード間の接続に活用することで、課題となっているデータセンターの消費電力を大きく下げていくことが期待される。

コンピューティング領域へのＩＯＷＮの適用によって、サーバーを中心としたコンピューターの構造を大きく変えていく新たなイノベーションも動いている。それがＩＯＷＮの技術要素の1つとして開発が進む「データセントリックインフラストラクチャー（ＤＣＩ：Data Centric Infrastructure）」である。

現在のデータセンターは、サーバーという箱を多数並べることで性能を向上させている。サーバー間をつなぐのは外部ネットワークだ。そのため、サーバーが外部ネットワークにアクセスする際に無駄な処理が発生する。

これまでサーバーという箱単位で計算処理機能を構成していたのは、ＣＰＵやメモリー、ストレージなどを高速・大容量の電気信号で結ぶ場合、数ｍ単位の伝送が難しいからである。電気信号は高速・大容量になればなるほど損失が大きくなり、長距離伝送ができなくなる。そのためＧＰＵ（画像処理半導体）やＦＰＧＡ（書き換え可能な集積回路）といった用途に応じたアクセラレーターボードを追加する際も、サーバーという限られた距離に収まる箱単位で増やす必要があった。

　ここでＩＯＷＮの肝となる光電融合デバイスをサーバーのボード間に活用することで、サーバーという箱にとらわれない、新たな構造が可能になる。具体的には、ＣＰＵやメモリー、ストレージ、アクセラレーターボードなどを、光電融合デバイスを使って電気信号から光信号へと変換。サーバー内の配線を光信号でやり取りできるようにする。光信号の場合、電気信号と異なりエネルギー損失が少なく、数十ｍの距離を高速・大容量で伝送することも可能だ。サーバーという限られた箱のサイズに縛られることなく、光配線された大きなきょう体の中に、ＣＰＵやＧＰＵ、ＦＰＧＡなどを必要に応じて追加できるようになる。これがＤＣＩの概要だ。消費電力の削減に加えて、設備コストも大幅に抑えることも期待される。

サーバー構造を一新する「データセントリックインフラストラクチャー（DCI）」（撮影：筆者）

　ＮＴＴはチップ間を光化したＤＣＩの構造を活用し、「スーパーホワイトボックス」と呼ぶ機器を実現する考えだ。

ホワイトボックスとは、利用するソフトウエア次第で、様々な用途の機器になるデバイスのことだ。ソフトウエアによって、ＡＩの分析エンジンや携帯電話の仮想化基地局などにもなる。電力消費が大きいデータセンター内のサーバーや、携帯電話の基地局をこのスーパーホワイトボックスで構成すれば、省電力という面で大きなメリットをもたらす可能性がある。

ＤＣＩは、世界のサーバー市場を大きく塗り替えるポテンシャルを持つ。ＩＯＷＮはこのような部分まで広がりを見せる技術基盤なのだ。

過去の戦略は失敗続き

ＮＴＴがＩＯＷＮで目指す世界は、現在のインターネットやサーバーの常識を覆すような数々の挑戦が含まれる。いくら革新的な技術であってもＮＴＴや国内のインフラ導入にとどまるだけでは世界への進出は難しい。世界の通信事業者がＡＰＮのようなインフラを導入し、米グーグルや米アマゾンといった巨大テック企業がＩＯＷＮの光電融合デバイスをデータセンターなどに活用するようになって初めて、世界の情報通信市場を塗り替えられる。

NTTは、過去に何度も研究開発の力を結集したビジョンを打ち出してきた。1979年の「INS（高度情報通信システム）構想」や1990年の「VI&P構想」、1994年の「マルチメディア基本構想」、2002年の「光新世代ビジョン」、2004年の「NGN（Next Generation Network）構想」などだ。だが、華々しく構想を打ち出したものの、当初の計画通り実を結んだケースはほとんどない。

例えば2004年に公表したNGN構想は、電話網のIP（インターネットプロトコル）化と共に、ネットワークの品質制御機能などを一般企業に開放し、新たなサービスを生み出すという触れ込みだった。だが一般企業とのサービス共創は大きな成果をあげられなかった。現状でNGNは、NTT東西の光回線サービスやIP電話サービスのバックボーンとしての役割が主だ。

これら過去のNTTの構想は、実は「NTTグループの一体化や、組織体制を守るための目的も大きかった」（NTTグループのOB）と指摘する声がある。過去の構想は、NTTの組織問題を回避するための隠れみので、極めて内向きの都合によるものだったという証言である。このようなマインドセットを残したままNTTが構想を進めていたのだとすれば、計画通りに実を結ばなかったのも当然だ。

だが筆者が知る限りＩＯＷＮは、ＮＴＴの過去の構想とはまるで違う。少なくともＮＴＴの経営陣は、過去の失敗から学んで、本気で世界を変えようとしている。ＩＯＷＮは、澤田氏が社長就任以降、社員のマインドセットを外向きに変え、ＮＴＴが本来持つポテンシャルを解き放とうとした取り組みの１つの結実かもしれない。ＩＯＷＮに対する期待から、ＮＴＴ社内から「もしかしたら世界を本当に変えられるかもしれない」という熱意が伝わってくる。

2023年4月に大阪市で開催されたIOWNグローバルフォーラムの様子（撮影：山本尚侍）

ＩＯＷＮは、最初から世界を見据えて展開している点も、過去のＮＴＴの構想との違いだろう。
ＮＴＴは２０２０年１月、ソニーグループと米インテルと共同でＩＯＷＮの普及を目指す国際団体「ＩＯＷＮグローバルフォーラム」を米国に設立した。ＩＯＷＮは非常に幅広い分野にまたがる可能性を秘めているため、ＮＴＴだけで推進していくことは難しい。これまでのＮＴＴの構想のように、国内市場に広めてから海外を目指すというアプローチではなく、最初から世界の有力企業と仲間づくりし、同時に世界規模のエコシステムを構築することを目指している。

現段階でＩＯＷＮグローバルフォーラムにおける世界の仲間づくりは、想定を大きく超えるレベルでうまくいっている印象だ。２０２４年10月時点で同フォーラムの参加企業は１５０社を超えた。ソニーグループや米インテルのほか、スウェーデンのエリクソンやフィンランドのノキアといった通信機器大手、米エヌビディアや米マイクロソフト、米デル・テクノロジーズといった米ＩＴ大手の参加が目立つ。直近では米グーグルも新たに参加している。

もちろん国内勢も多く参加する。ＮＥＣや富士通、三菱電機、東芝、トヨタ自動車、矢崎総業や味の素といった企業の名前もある。国内通信市場におけるライバルであるＫＤＤＩや楽天モバイルもＩＯＷＮグローバルフォーラムに参画している。参画メンバーを見る限り、ＩＯＷＮはＮＴＴの独りよがりではなく、世界の注目を集める取り組みになっている。

ＮＴＴの川添副社長は、ＩＯＷＮグローバルフォーラムを立ち上げた中心人物であり、同団体の設立以来、チェアパーソンを務めている。

「ＩＯＷＮグローバルフォーラムは、ｉモードが世界に普及できなかったという反省を踏まえた取り組みだ」

川添氏はこのように打ち明ける。ＩＯＷＮグローバルフォーラムは、多くの参画企業がＩＯＷＮをどんな分野で活用できるのかを議論し、仕様をつくりあげるといった取り組みを進めている。ＮＴＴだけではなく参画企業が役割分担して、ＩＯＷＮの製品やサービスを共につくりあげていくスタイルだ。

かつてのｉモードは、国内で完成された製品・サービスを海外に展開するスタイルだった。この場合、例えば海外の端末メーカーからすると、ｉモードは競合相手になる。海外の端末メーカーは当然、自らの市場を守ろうとする。ｉモードが世界進出に頓挫した理由の1つは、海外の端末メーカーから競合と見なされ、支持を得られなかったからである。

ＩＯＷＮは完成形ではなく、活用分野や仕様を検討する段階で世界のプレーヤーとオープンに議論を進めるスタイルだ。それがこれだけ有力な企業が参画することになった要因といえる。

ただし仕様策定の段階から商用展開のフェーズにＩＯＷＮが本格移行するにつれて、ＩＯＷＮグローバルフォーラムに参画する企業の間で競合関係が生まれるだろう。

筆者は２０２３年４月に大阪市で開催されたＩＯＷＮグローバルフォーラムの会合を取材し、同フォーラムに参画する多くの有力海外企業に話を聞いたことがある。当時はＩＯＷＮの可能性に注目しつつも事業展開については様子見の企業が多かった。参加メンバーも標準化担当など、実ビジネスに携わっていない研究開発系の人がほとんどだった。

ＩＯＷＮを世界に広げるためには、研究開発から商用化へと橋渡しし、同フォーラムに参画するメンバーをビジネス面で本気にさせていく必要がある。つまりＩＯＷＮグローバルフォーラムに参画するメンバーが競合関係になって初めて、ＩＯＷＮは世界進出に成功することになるのかもしれない。

富士通出身のキーパーソンに託す

ＮＴＴは、ＩＯＷＮの世界展開に向けて戦略的な子会社も２０２３年に立ち上げた。それがＩＯＷＮの核である光電融合デバイスの開発・製造・販売を一手に担う、ＮＴＴイノベーティブデバイス（横浜市）である。

塚野英博氏（撮影：加藤康）

「ＩＯＷＮの展開で絶対に譲れない部分は光電融合デバイスの領域だ。そのため、ＮＴＴとしても、フルスコープのメーカー機能を備えたデバイス会社を立ち上げた」

ＮＴＴイノベーティブデバイス社長の塚野英博氏はこのように力を込める。

ＩＯＷＮの肝となる光電融合デバイスを託された塚

野氏は、富士通の出身だ。メーカービジネスを熟知している点で、情報通信サービスに携わる人材がほとんどのＮＴＴグループの中では「異分子」といえる。

塚野氏は、半導体分野を中心に富士通の調達部門に長く携わり、２０１７年から１９年にかけて富士通の副社長ＣＦＯ（最高財務責任者）として同社の改革をけん引した。執行役員副会長に就いた後の２０２０年３月末、富士通を退社していた。

富士通のＣＦＯ時代に、社外の経営層とのつながりもできた。その１人にＮＴＴの澤田氏もいた。「澤田氏とは15年以上の付き合いだと思う。富士通を辞めてプラプラしていた時、澤田氏から電話があり『手伝ってほしい』と言われた」（塚野氏）。こうして塚野氏はまず２０２０年５月、ＮＴＴグループ関連会社の顧問に就いた。

その後、塚野氏は再び澤田氏から「いよいよ具体化するから」と突然言われ２０２１年７月、ＩＯＷＮ関連の新研究開発組織「ＩＯＷＮ総合イノベーションセンタ」のセンタ長に就任することになった。

ＩＯＷＮ総合イノベーションセンタは、ＮＴＴの研究所が持つＩＯＷＮ関連の基礎研究を、商用開発レベルに橋渡しすることを目指して新設された組織だ。その２年後、満を持して塚野氏は、ＮＴＴグループにとって本格的なデバイスメーカーとなるＮＴＴイノベーティブデバイスを率いることになった。

塚野氏は、澤田氏の一本釣りによってＩＯＷＮの重要ミッションを担うことが決まっていたように見える。だが塚野氏によると、澤田氏にＮＴＴ入りを誘われた当初は、このような事態になることをまるで想定していなかったという。「ＮＴＴとしても本格的なメーカーとしての機能が必要な世界に入ってきた。それを見据えてメーカー出身の塚野を引っ張ってきたのだろう」と、塚野氏は笑いながら振り返る。

ＮＴＴイノベーティブデバイスの役割は、ＩＯＷＮの世界展開に向けて極めて重要だ。光電融合デバイスはＩＯＷＮの鍵を握るデバイスである。このデバイスがロードマップ通り生産されて初めて、段階的に進化するというＩＯＷＮの世界が現実になる。

さらにＮＴＴにとっては、光電融合デバイスを世界中に販売していくことが、ＩＯＷＮによる収益化の大きなビジネスモデルになる。ＩＯＷＮのビジネス面でもＮＴＴイノベーティブデバイスの役割は非常に大きい。

実は、ＮＴＴイノベーティブデバイスの前身の1社であるＮＴＴエレクトロニクスを通じて、これまでも光電融合デバイスを製造していた。ただし、通信機器を対象にした光電

IOWNの鍵を握る光電融合デバイス

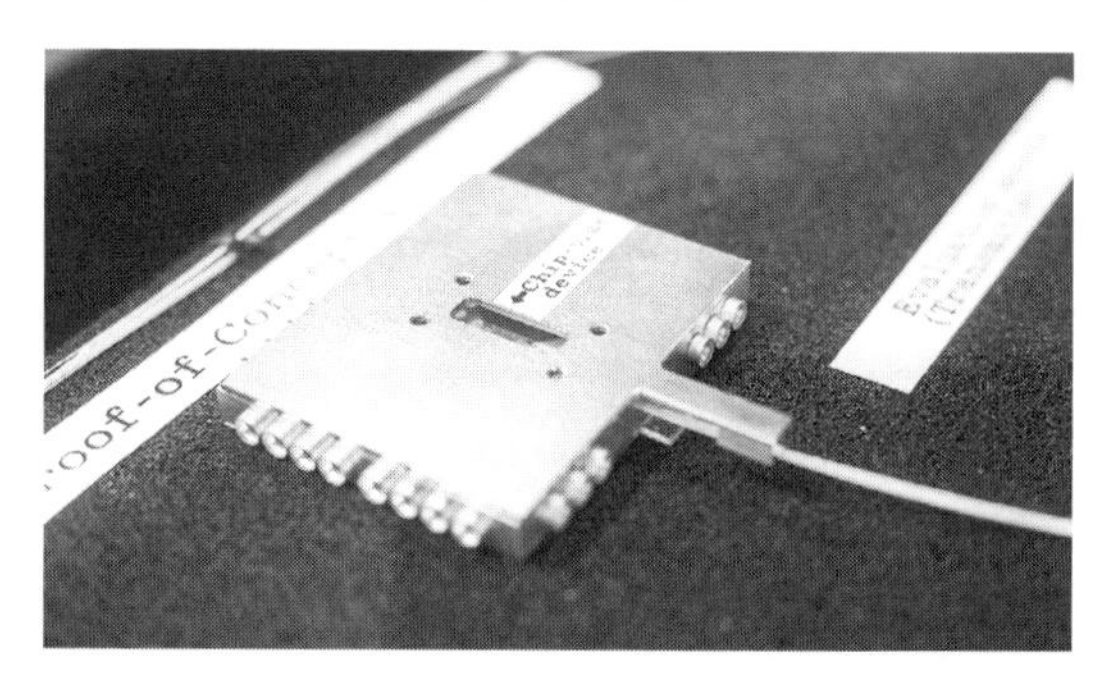

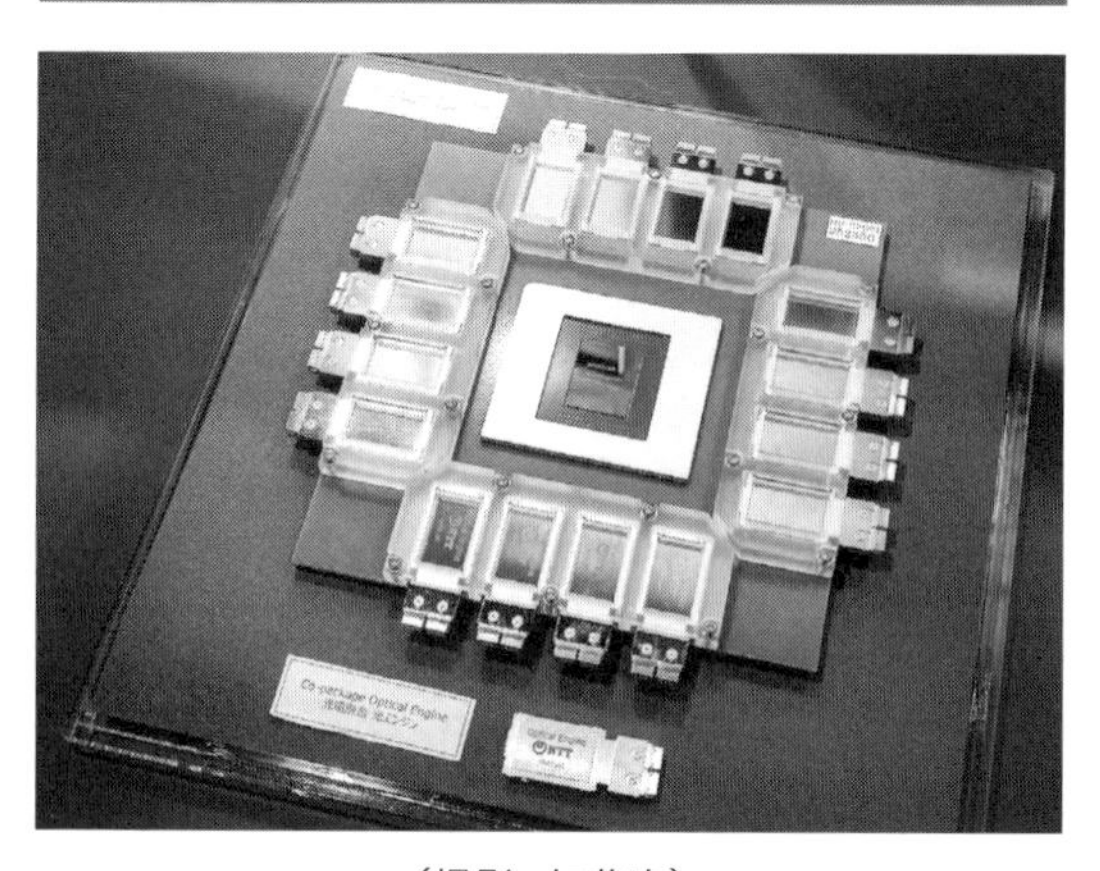

（撮影：加藤康）

融合デバイスであり、1つのデバイスの生産数は年1万台もあれば多いという規模感だった。市場が限られていたことから製造工程も自動化があまり進んでおらず、ほぼ手作業に近いプロセスで生産していたという。

「IOWNを通信領域からコンピューティング領域に広げるためには、ここをブレークスルーしないといけない。コンピューティングの領域に入るとデバイスの生産数の桁は2つほど増えるだろう。コンピューティング領域におけるIOWNの最初のターゲットになるのがデータセンター。その先にハイエンドサーバーや自動車、コンシューマーデバイスといった用途が視野に入ってくる」と塚野氏は語る。

デバイスの生産数の桁が2つほど増え、年100万台規模になると、手作業に近い光電融合デバイスの製造ではとても間に合わない。現在の半導体産業のように、大規模な設備投資による生産工程の自動化が必要になる。

特に大規模な設備投資が求められるのが、2028年度の展開を予定するIOWN3・0に使われる光電融合デバイスの製造においてだ。IOWN3・0向けの光電融合デバイ

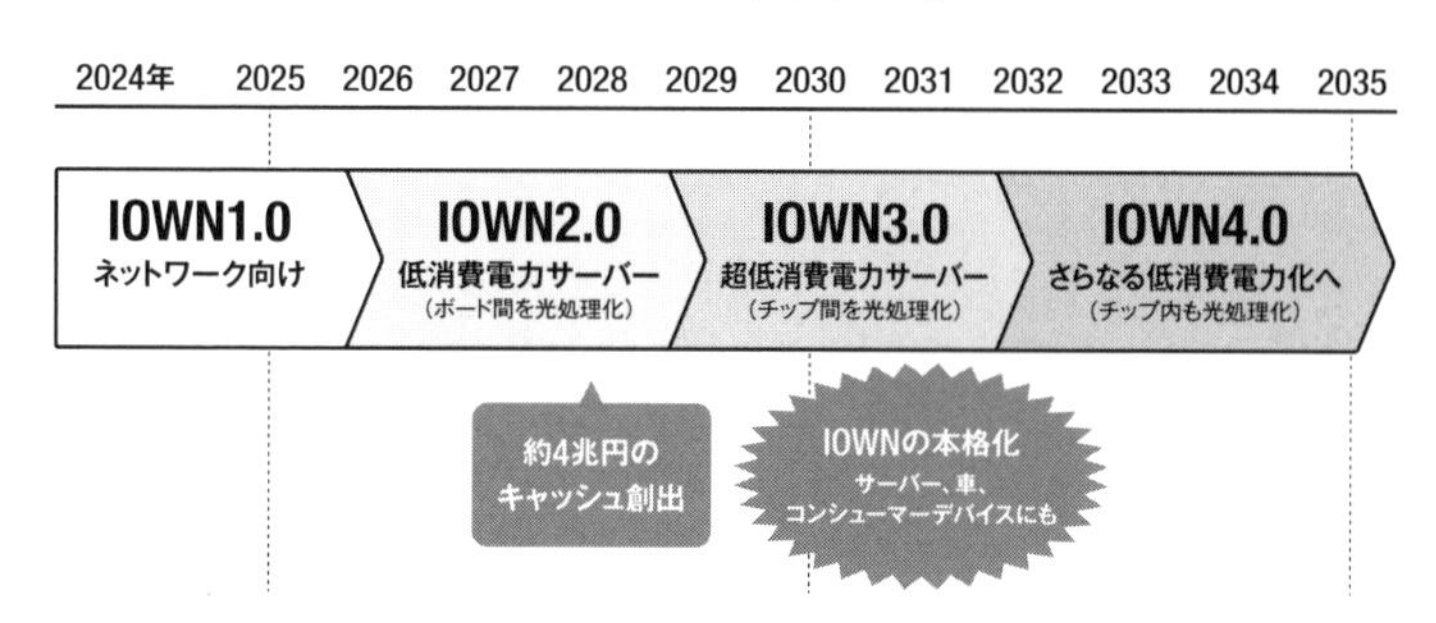

スは半導体チップ間の接続用になる。ここまで来ると光電融合デバイスは、現在の半導体に近い微細化が求められる。

ＮＴＴの島田明社長も、ＩＯＷＮ３・０のタイミングが、大規模な設備投資が求められるターニングポイントという考え方を示す。塚野社長は「ＩＯＷＮ３・０の時代になると、少なくとも数千億円規模の設備投資が光電融合デバイスの製造のために必要になる」という見通しを示す。

ＮＴＴが２０２３年５月に公表した中期経営戦略では、２０２７年度までにキャッシュ創出力を高め、ＥＢＩＴＤＡ（利払い・税引き・償却前利益）で約４兆円を目指す目標を掲げた。この４兆円のキャッシュ創出は「ＩＯＷＮ３・０以降に必要になる大規模な投資への準備という意味合いもある」と島田氏は打ち明ける。

ただし数千億円規模の設備投資をすべてＮＴＴの自前でやるかどうかは「まだわからない」と塚野氏は続ける。「すべて自前設備でデバイス製造するＭａｋｅか、それともデバイスを製造委託して生産するＢｕｙか。どちらかを考えなければならない。少なくとも2年前にはその決断を下す必要がある」（塚野氏）

設備投資方針の決断に加えて、年１００万台規模のデバイスを販売する顧客開拓も重要になる。ＩＯＷＮがコンピューティング領域へと用途を広げるに従って、顧客の顔はこれまでの通信機器メーカーから大きく変わっていく。サーバーを製造するメーカーから自動車メーカー、スマホのコンシューマーデバイスを製造するメーカーも潜在的な顧客になるだろう。塚野氏は「既にこうしたプレーヤーを直接開拓し始めている」と明かす。

世界を本気にさせられるか

ＮＴＴが掲げるＩＯＷＮは現段階で、世界展開に向けて幸先のよいスタートを切ったといえる。

ただし課題も多く残っている。１つはＩＯＷＮの肝となる光電融合デバイスを、どのように量産レベルに持っていくのかだ。光技術はこれまで基幹系の伝送装置など大型で高価格のデバイスに使われてきた。ＩＯＷＮでは光技術を、サーバーなど一般利用者をターゲットとしたデバイスにも広げていく。光電融合デバイスを小型・低価格化していく必要がある。このような生産技術をどのように確立するのか。これまでの研究開発とは異なるノウハウが必要になる。光電融合デバイスのサプライチェーンの確立やエコシステムのさらなる進化も求められるだろう。

ＩＯＷＮと似た技術が、他の企業から出てくる可能性もある。今のインターネットで、サーバーのエネルギー消費増大や発熱の問題に最も悩まされているのは巨大テック企業や生成ＡＩの開発企業だ。これらの企業は自社で巨大なコンピューティングリソースを用意する。消費電力増大の課題に直面していることから、エネルギー消費を抑える研究開発に間違いなく取り組んでいるだろう。水面下で研究開発を進めながら、ＩＯＷＮに対抗するような新たな技術トレンドを突然打ち出すことも考えられる。

実際、電力消費量が大きな課題となっているデータセンター業界では、データセンター内の通信に光技術を活用する「ＣＰＯ（Co-Packaged Optics）」と呼ばれる取り組みが進む。ＣＰＯは、ＩＯＷＮのチップ間を光化するＩＯＷＮ２・０と似た構造になる。ＣＰＯは米マイクロソフトや米メタなどが自社のデータセンターへの導入を目指して注力しているといわれる。半導体で世界をリードするTSMCも、2026年にCPOの商用化を目指していると報道されている。NTTはこうした世界の有力プレーヤーと伍していかなければ、IOWNのアイデアはよかったものの、ビジネスの果実を他社に奪われてしまう可能性もある。「技術で勝ってビジネスで負ける」を繰り返してきた日本勢の反省を踏まえる必要がある。

NTTは、世界の通信事業者の中で、ほぼ唯一といってよいほど本格的な研究機能を持つ企業だ。ただIOWNでは、通信事業者の枠を越え、世界の技術トレンドをけん引する巨大テック企業がライバルになる。こうした世界の巨人とNTTの研究開発投資を比べると、桁違いの差が生じている。NTTが年間2000億円強のところ、世界のイノベーションをけん引するGAFAM（グーグルの親会社アルファベット、アップル、メタ、アマゾン、マイクロソフト）の研究開発費は年間約3兆～8兆円という規模だ。

これらの巨人たちは研究開発の規模はもちろん、研究した成果を事業に結びつけるスピード、世界中から優秀な人材を集める能力を含めて現状のNTTの上をゆく。IOWNのビ

GAFAMと日本の通信事業者の研究開発費の比較

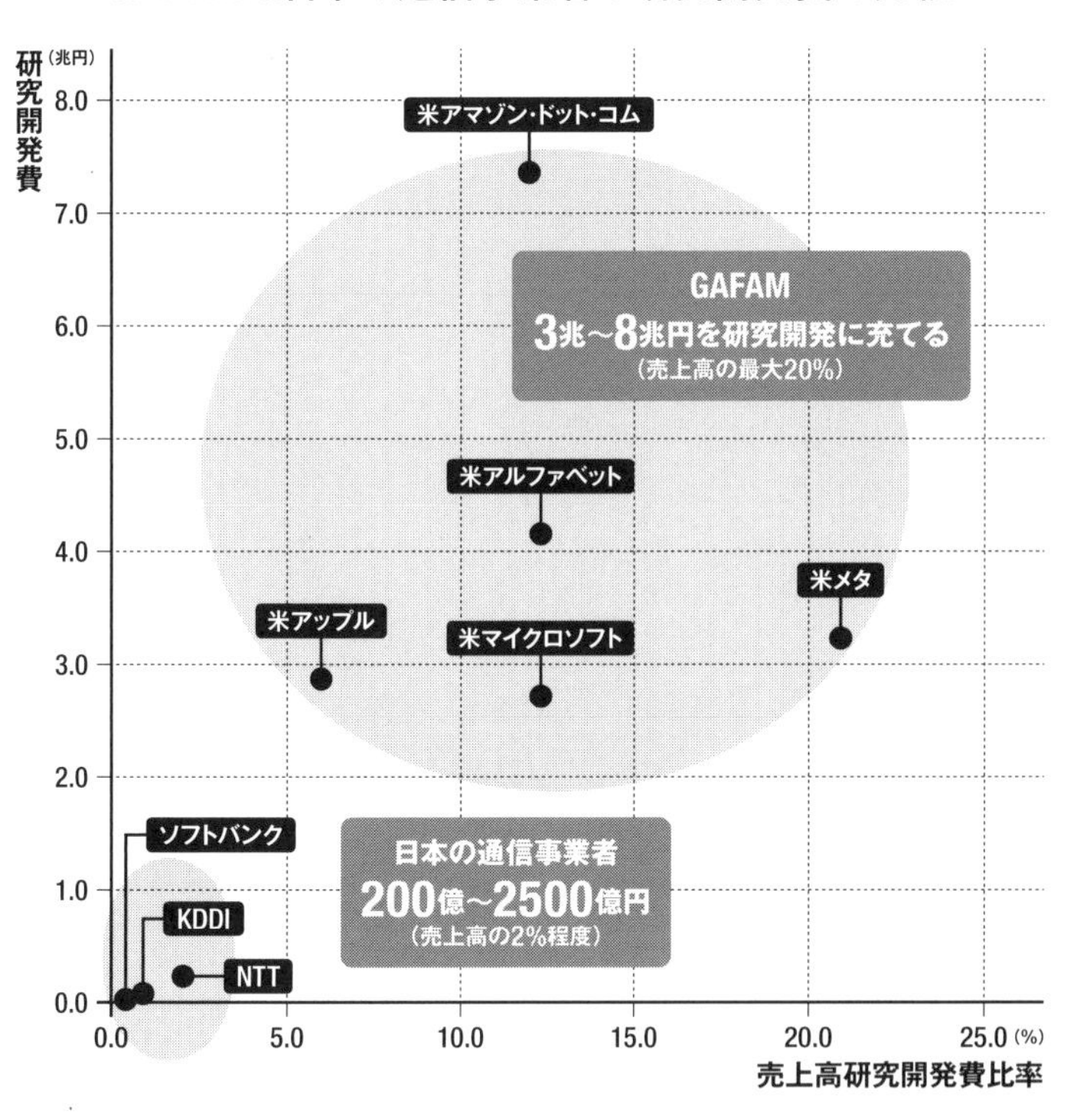

ジネス展開や商用開発を加速するためには、足りないピースを積極的にＭ＆Ａ（合併・買収）していくことも求められる。

関係者によるとＮＴＴは、富士通が２０２３年12月に産業革新投資機構（ＪＩＣ）に売却すると発表した半導体パッケージの子会社、新光電気工業の買収を一時検討していたという。ＩＯＷＮの核となる光電融合デバイスをパッケージングする際に役立つと考えてだ。ただ時期尚早と判断し、ＮＴＴが買収に名乗り出ることはなかった。

ＩＯＷＮは、ＮＴＴはもちろん、国内の情報通信産業にとって起死回生の一打となるポテンシャルを持つ。その可能性を果実としてつかむためには、ＩＯＷＮのビジネスをいち早く切り開き、世界を本気にさせていく必要がある。そのためには、これから数年の取り組み、特にコンピューティング領域へと一歩を踏み出す２０２５年度のＩＯＷＮ２・０が大きな勝負になる。ＩＯＷＮ２・０のお披露目となる２０２５年の大阪・関西万博が、ＩＯＷＮが世界に羽ばたけるかどうかを左右する分水嶺になるだろう。

筆者は２０２３年7月、日経ビジネスのイベントにて、ＩＯＷＮの生みの親の１人であるＮＴＴ会長の澤田氏と、１時間以上にわたって公開の場で話をする機会があった。筆者は澤田氏に対し、本章の冒頭に掲げた日本のデジタル赤字拡大の要因について質問してみた。暗に「ＮＴＴがもっと力を発揮していれば、日本はデジタル分野でこのような状態に陥らなかったのではないか」ということをにおわせたのだ。

澤田氏にもそれが伝わったのだろう。澤田氏は「耳が痛い話」と前置きした上で、「原因は複合的だと思う。その中でも一番大きいのが、日本が規模の経済で戦っていくには、日本市場が中途半端なサイズである点が大きかったのではないか」と語った。

日本の人口は1・2億人。日本市場だけを対象にビジネス展開したとしても、ある程度成り立ってしまうサイズだ。これが韓国になると、人口は日本の半分の５０００万人強である。韓国市場だけでビジネスを成立させるのが微妙な規模だ。だからこそ韓国サムスン電子や韓国ＬＧエレクトロニクスといった韓国メーカーは積極的に海外市場にチャレンジし、世界で存在感を示しているのだろう。

かつては時価総額で世界1位だったＮＴＴは、米国の巨大テック企業に次々とその地位を抜かれていった。「日本は技術があった。だが総合力が欠けていた」と澤田氏は続ける。日本は世界で戦うことを前提としたルールや制度になっていたのか。金融政策や財政政策は十分に世界を意識していたのか。澤田氏は日本市場低迷について、その要因を調べてみたことがあるという。実は１９８５年から２０２２年までの37年間、米国のダウ平均株価は21倍に伸びている一方で、日本の日経平均株価は2倍程度にしか伸びていないことがわかった。「ＮＴＴだけではなく、日本市場自体が低空飛行だった」(澤田氏)。

日本企業のマインドセットも内向きのまま、海外に挑む意識も足らなかった。「日本は会社数も多く、縦割り構造が根強く残っており、リソースを横に広げて展開していく力も足りなかった」と澤田氏は続ける。

日本が低迷を続けた理由についての澤田氏の指摘を聞くと、ＩＯＷＮは過去30年以上にわたる日本の課題を踏まえた、新たなチャレンジであると感じる。最初から世界を目指すというＩＯＷＮの考え方、そして自社だけでなく、多くの企業を巻き込みリソースを横に広げていくというアプローチ。今度こそ日本を復活させたいというＮＴＴの強い意志を感じる。

一方でＩＯＷＮの世界展開に向けては、制度面で１つのネックが表面化していた。序章で触れた、ＮＴＴの目的や業務範囲を規制している日本電信電話株式会社等に関する法律、通称ＮＴＴ法である。２０２４年４月の改正前のＮＴＴ法は、ＮＴＴ持ち株会社とＮＴＴ東日本、西日本に対し、国民にとって不可欠である電話サービスを全国津々浦々あまねく提供すること、そして研究の推進及び成果の普及という、２つの大きな責務を課していた。後者の「研究の推進及び成果の普及」が、実はＩＯＷＮの本格展開に向けた障壁になる可能性があった。

偶然か、それとも意図したものだったのか。ＩＯＷＮの本格展開と歩調を合わせるように２０２３年半ば、ＮＴＴ法見直しの議論が突如浮上するのである。

第4章 亀裂

防衛費の財源確保にNTT株の売却

「本特命委員会としては、今後、NTT完全民営化の選択肢も含め、NTT法のあり方について、経済安全保障にも配慮しつつ、速やかに検討すべきだと考える」

自民党の「防衛関係費の財源検討に関する特命委員会」（以下、特命委員会、委員長：萩生田光一元自民党政調会長）が2023年6月8日に公表した提言に通信業界が騒然となった。電気通信事業法と共に通信市場を支える基本的なルールである「日本電信電話株式会社等に関する法律」（以下、NTT法）の見直しへ向けた号砲が突如鳴ったからだ。

政府は2022年12月、「国家安全保障戦略」「国家防衛戦略」「防衛力整備計画」のいわゆる防衛3文書を閣議決定した。2023年度からの5年間で、防衛力整備のために43兆円程度が必要と見積もった。特命委員会では、財源の約4分の3を歳出改革や税外収入などから確保し、残りの4分の1を税制措置で対応するとした。国民負担を最小限にするためだ。

４分の３の財源確保を検討するなかで、財源候補の１つとして浮かび上がってきたのが、政府の保有するＮＴＴ株式である。

ＮＴＴ法では、ＮＴＴの目的や業務遂行を担保するため、政府によるＮＴＴ持ち株会社の３分の１以上の株式保有を義務付けている。２０２３年時点で政府が保有するＮＴＴ株の時価は約４・７兆円。自民党の特命委員会は、防衛力整備のための財源としてＮＴＴ株の政府保有分の売却益に目をつけたのだ。

政府保有のＮＴＴ株式を売却するには、３分の１以上の政府保有義務が明記されたＮＴＴ法の改正が必要になる。自民党の特命委員会は、「（ＮＴＴ法によってＮＴＴは）固定電話のユニバーサルサービス（全国あまねくサービスを提供すること）提供責務や、電気通信技術に関する研究推進・成果普及義務などの担保措置として、政府による３分の１以上の株式の保有義務が課されている。しかしながら、通信手段が高度化・多様化し、国際競争も激しくなっている中で、これらの義務を維持し続けることについて検討の余地がある」と指摘。政府の保有株式の部分だけではなく、ＮＴＴ法の各項目についても見直しが必要と俎上（そじょう）に載せたのだ。

通信業界では長年、ＮＴＴ法の大幅な見直しや廃止がタブー視されてきた。業界を支えるあまりに基本的なルールであるため、ＮＴＴ法が大幅に見直しされたり廃止されたりした場合、業界構造が土台から崩れてしまうからだ。ＮＴＴ自身も、様々な制約が課されたＮＴＴ法の見直しは長年の悲願だったものの、競合他社からの反発が必至であるため、これまで積極的に声を上げることはなかった。通信市場を長年取材してきた筆者も、現役で取材活動をしている間にＮＴＴ法の抜本的な見直しが始まるとは、よもや想像もしなかった。

虚を突かれたのは、国内市場でＮＴＴと競争を続けるＫＤＤＩやソフトバンクも同じだった。あるＫＤＤＩ幹部は当時、「まるで想定していないタイミングだった。（防衛財源という）予想外の分野からＮＴＴ法見直しの議論が出てきた」と打ち明けた。ＫＤＤＩやソフトバンクにとってみると、ＮＴＴ法の見直しや廃止は、自らのビジネスの土台を揺るがしかねない大問題となる。後にヒートアップするＮＴＴ法見直し議論の中で、ＫＤＤＩの高橋誠社長が「時代に合わせたＮＴＴ法の見直しには賛成だが、ＮＴＴ法廃止は絶対反対」という論陣を張るのも当然といえた。

本来であればＮＴＴ法の見直しは、通信市場の監督官庁である総務省が担うべき案件である。だがこの提言は自民党の中でも、総務省に近い情報通信戦略調査会（野田聖子会長）のメンバーではなく、萩生田光一元自民党政調会長や甘利明元自民党幹事長といった経済産業相を経験した党の実力者が議論をリードすることになる点でも異例だった。

NTT幹部は、NTT法見直しが浮上した2023年夏の時点で自民党の動きを静観していた。NTTの島田明社長は「政府が（NTTの）株式を売却するかどうかについて意見を述べる立場ではない」と語り、澤田純会長は「まな板の上の鯉状態だ」と語るなど、NTTは当初、自民党の動きに受け身の姿勢だった。だがその後NTTは、島田氏が「NTT法はおおむね役割を完遂した。結果的にいらなくなる」と語ったように、この機に乗じて、NTT法廃止も視野に入れた「叛乱」を起こすことになるのだ。

自民党PTの座長を務めた甘利明氏
（写真：共同通信）

NTT法見直し第1ステップの経緯

2023年 6月 8日	自民党、防衛関係費の財源検討に関する特命委員会が提言。「NTT完全民営化の選択肢も含め、NTT法のあり方について、経済安全保障にも配慮しつつ、速やかに検討すべきと考える」と明記
2023年 8月21日	総務省、「市場環境の変化に対応した通信政策の在り方」を情報通信審議会へ諮問すると発表
2023年 8月22日	自民党 NTT法のあり方に関する検討PT(座長・甘利明氏、以下、自民党PT)が役員会開催。年内(11月)にもNTT法改正の方向性をまと
2023年 8月28日	総務省、情報通信審議会に対して「市場環境の変化に対応した通信政策の在り方」を諮問。2024年夏ごろを目途に答申を希望
2023年 8月31日	自民党PT、初会合を開催
2023年 9月12日	総務省の通信政策特別委員会、NTTやKDDI、ソフトバンク、楽天モバイルにヒアリング
2023年10月19日	自民党PT、NTTとKDDI、ソフトバンク、楽天モバイルにヒアリング
2023年10月19日	KDDIなど180者、NTT法廃止に反対する要望書を自民党PT座長と総務相に提出
2023年11月15日	自民党の情報通信戦略調査会(野田聖子会長)、非公式会合を開催
2023年12月 1日	自民党PTが提言案とりまとめ。NTT法廃止に向けて2段階のステップを踏む形を示す
2023年12月 4日	KDDIやソフトバンク、楽天モバイルなどが、改めてNTT法廃止の反対を表明
2023年12月13日	総務省の通信政策特別委員会、通信4社にヒアリングを実施。論点整理案をまとめる
2023年12月22日	総務省の情報通信特別委員会、第1次報告書案をまとめる。NTT法における研究成果の公開義務の撤廃や外国人役員の規制緩和を求める
2024年 2月 9日	総務省の情報通信審議会、「市場環境の変化に対応した通信政策の在り方」を1次答申
2024年 3月 1日	政府、NTT法改正案を閣議決定
2024年 4月17日	改正NTT法が参院本会議で可決・成立
2024年 4月25日	改正NTT法施行

「公共性」が私権制限を正当化

業界に大きな亀裂をもたらすことになるＮＴＴ法とは、一体どんなものか。ＮＴＴ法は２０２４年４月にその一部が改正されるが、ここでは、それ以前のＮＴＴ法について詳しく見ていこう。

ＮＴＴ法とは、独占的な地位にあった日本電信電話公社（以下、電電公社）の人員や設備、顧客基盤を継承して１９８５年に誕生したＮＴＴに対し、民営化後も公共的な役割を担わせるために設けられた法律である。

ＮＴＴ法は、ＮＴＴグループすべての企業に規制がかかる法律ではない。規制がかかるのはＮＴＴ持ち株会社と、地域通信事業を担うＮＴＴ東日本とＮＴＴ西日本（ＮＴＴ東西）だ。ＮＴＴ法は、これらの会社に公共的な役割を担わせるために責務と業務、そして担保措置を定めた特殊会社法となる。ＮＴＴ法の規制の対象になるのは、ＮＴＴグループ全体の売り上げの中でＮＴＴ東西を中心に約４分の１程度だ。ＮＴＴグループ全体の売り上げの4分の3を占めるNTTドコモやNTTデータグループなどの他の主要事業会社は、NTT法の規制対象外であり、基本的には自由に事業活動できる。

NTT法の中で最も重要な項目は、第三条に書かれた2つの責務である。

> **第三条（責務）**
>
> 会社（※NTT持ち株会社のこと）及び地域会社（※NTT東西のこと）は、それぞれその事業を営むに当たっては、常に経営が適正かつ効率的に行われるように配意し、国民生活に不可欠な電話の役務のあまねく日本全国における適切、公平かつ安定的な提供の確保に寄与するとともに、今後の社会経済の進展に果たすべき電気通信の役割の重要性にかんがみ、電気通信技術に関する研究の推進及びその成果の普及を通じて我が国の電気通信の創意ある向上発展に寄与し、もつて公共の福祉の増進に資するよう努めなければならない。

典型的な読みにくい法律の条文だが、第三条にはNTTが担うべき2つの重要な責務が含まれている。

　1つは「国民生活に不可欠な電話の役務のあまねく日本全国における適切、公平かつ安定的な提供の確保」という部分だ。これがいわゆる「電話のユニバーサルサービス提供責務」に当たる。

　現在、電話のユニバーサルサービスに該当するのは、NTT東西が提供する固定電話（メタル回線を使ったアナログ電話が中心）と公衆電話、緊急通報である。NTT東西は国民の要望があれば、全国どこでもこれらのサービスを提供しなければならない。どんなに赤字であってもサービスを終了できないという非常に重たい責務が課せられている。電電公社の資産を受け継いだNTT東西が、国民生活や社会経済活動に不可欠な電話サービスを、引き続き維持・運用するという趣旨から設けられた項目になる。


　もう1つの責務は「電気通信技術に関する研究の推進及びその成果の普及を通じて我が国の電気通信の創意ある向上発展に寄与」という部分である。これがいわゆる「研究の推進及び成果の普及責務」である。

　NTT持ち株会社は、NTT法第二条によって「電気通信の基盤となる電気通信技術に関する研究を行うこと」が義務付けられている。ＮＴＴの研究所は１９４８年に逓信省（現総務省）が設立した電気通信研究所を前身としており、国の通信技術の発展をけん引する役割を引き継いでいる。電電公社時代はその研究成果に基づいて、電電ファミリーと呼ばれたＮＥＣや富士通、日立製作所、ＯＫＩが電話交換機や電話機をつくってきた。

電電公社から技術力を引き継いだＮＴＴが、通信にかかわる研究成果を独占することは国内の公正競争環境を阻害する。そのため、民営化後のＮＴＴには、「研究の推進及び成果の普及」という責務が課せられた。特に成果の普及については、他社から要望があれば、原則として適正な対価を前提に成果を開示しなければならない「研究成果の開示義務」という運営が続けられてきた。

責務についで重要な項目が、ＮＴＴ法第二条に含まれる業務範囲規制である。

第二条（事業）

会社（※ＮＴＴ持ち株会社のこと）は、その目的を達成するため、次の業務を営むものとする。

一　地域会社が発行する株式の引受け及び保有並びに当該株式の株主として権利の行使をすること。
二　地域会社に対し、必要な助言、あっせんその他の援助を行うこと。
三　電気通信の基盤となる電気通信技術に関する研究を行うこと。
（後略）

第二条第3項

地域会社（※NTT東西のこと）は、その目的を達成するため、次の業務を営むものとする。
一　それぞれ次に掲げる都道府県の区域（中略）において行う地域電気通信業務（同一都道府県内の区域内における通信を媒介する電気通信役務を提供する電気通信業務をいう）
イ　東日本電信電話会社にあっては、北海道、青森県、岩手県、宮城県、秋田県、山形県、福島県、茨城県、栃木県、群馬県、埼玉県、千葉県、東京都、神奈川県、新潟県、山梨県及び長野県
ロ　西日本電信電話株式会社にあっては、京都府及び大阪府並びにイに掲げる県以外の県

第二条の大きなポイントになるのが、ＮＴＴ東西の業務が、東日本地域と西日本地域それぞれにおける県内通信業務に限定される点である。

１９９９年のＮＴＴ再編によって、１社体制だったＮＴＴは、ＮＴＴ持ち株会社と県内通信を担うＮＴＴ東西、長距離通信を担うＮＴＴコミュニケーションズ（ＮＴＴコム）に分離・分割された。それに合わせてＮＴＴ法が改正され、ＮＴＴ東西が長距離通信サービスに参入できないように業務範囲規制によって構造規制を施した。ＮＴＴ東西が電電公社から承継した全国に張り巡らされたとう道や管路、電柱などの線路敷設基盤（詳細は後述）は、他社の通信サービス提供にも不可欠な設備である。業務範囲規制は、このような力を持つＮＴＴ東西に構造規制を施すことで、国内の公正競争環境整備の一翼も担っている。なおＮＴＴ東西は現在、県内区分を超えたブロードバンドサービスを提供しているが、こちらは総務相への届け出によって特例的に提供が認められている。

ＮＴＴ法では、これら責務と業務を支えるために、いくつかの担保措置が設けられている。具体的には、第四条第１項で定められた、政府によるＮＴＴ持ち株会社の３分の１以上の株式を保有する義務や、第六条や第十条で定められた外資規制などだ。これらの担保措置は、あくまで責務と業務を支えるために設けられたものであり、担保措置のためにNTT法が必要というわけではない。責務や業務に比べれば一段軽い扱いになる。

第四条第１項（政府による三分の一以上の株式保有義務）
政府は、常時、会社の発行済株式の総数の三分の一以上に当たる株式を保有していなければならない。

第四条の政府による株式保有義務は、通信が国民生活や社会経済活動に不可欠なインフラであり、NTT持ち株会社はその責務を課せられた公共性を担う特殊会社であることから設けられた。政府が安定株主になることで、会社の経営の安定や適切な事業運営を確保することを趣旨としている。

第六条（外資総量規制）
会社は、その株式を取得した（中略）第一号から第三号までに掲げる者により直接に占められる議決権の割合とこれらの者により第四号に掲げる者を通じて間接に占められる議決権の割合として総務省令で定める割合を合計した割合（中略）が三分の一以上となるときは、その氏名及び住所を株主名簿に記載し、又は記録してはならない。

一　日本国籍を有しない人
二　外国政府又はその代表者
三　外国の法人又は団体
四　前三号に掲げる者により直接占められる議決権の割合が総務省令で定める割合以上である法人又は団体

第十条（外国人役員規制）
日本の国籍を有しない人は、会社及び地域会社の取締役又は監査役となることができない。（後略）

第六条と第十条の外資規制も、NTT持ち株会社が担う公共性を担保するための項目だ。

外国人などの議決権割合を3分の1未満に制限する第六条の規定は、NTTの経営の自主性確保のために、外国人などが経営の意思決定に影響を与えることを制限する必要があることによる。第十条の規定も、同じく外国からの影響力に対して、ＮＴＴの経営の自主性確保を目的とする趣旨である。このほか、第十条第2項には、ＮＴＴ持ち株会社の取締役と監査役の選解任は、総務相による事前認可事項という項目もある。

以上が、ＮＴＴ法によってＮＴＴに課せられる主な規制である。確かにＮＴＴは、ＮＴＴ法によって様々な「足かせ」をはめられた「普通の会社」ではないことがわかる。これらの足かせは、ＮＴＴが電電公社の資産を引き継ぎ、公共的な役割を担うことから正当化されている。

ただＮＴＴ法のそれぞれの項目は、自民党の特命委員会が指摘するように、法律がつくられた昭和の時代の前提が多く残っており、時代にそぐわなくなった部分も多い。

例えば第三条の「研究成果の開示義務」。ＮＴＴ法が制定された約40年前と異なり、情報通信技術はグローバル化が進み、もはやＮＴＴの研究開発だけでは国内通信基盤を成り立たせることが難しくなっている。その一方で、第3章でも触れたＮＴＴが総力を挙げて世界に挑む次世代情報通信基盤「ＩＯＷＮ（アイオン）」の研究成果も、ＮＴＴ法の開示義務によって、要望があれば海外企業を含めて公平に成果を開示しなければならない。これはさすがに時代に即していないだろう。ＮＴＴが培った研究開発の強みを毀損することになりかねず、日本の国際競争力向上にも寄与しない。さらにいえば、重要技術の国外流出につながるおそれがあり、経済安全保障上の問題にもなり得る。

同じく第三条の「電話のユニバーサルサービス提供責務」も時代に即していない部分がある。電話のユニバーサルサービスの主な対象となるメタル回線を使った固定電話は、２０００年前後は６０００万契約以上あったが、２０２３年時点で１５００万契約を切るまでに減った。最盛期の４分の１以下となる水準だ。今や国民にとって身近な電話サービスは、携帯電話やブロードバンドサービス上で提供されるＩＰ電話などに移り変わっている。

国民にとって不可欠なユニバーサルサービスとは何か。サービスの担い手についても、このままＮＴＴ東西が対象サービスを広げて「あまねく日本全国に提供」していくべきなのか。それとも携帯電話事業者や他の固定系通信事業者を含めて、業界全体としてユニバーサルサービスを提供していくべきなのか。議論が必要なタイミングであることは確かだ。

一方でNTT法が、通信行政の要として現在も機能している部分も多い。例えばNTT法第三条に書かれた「あまねく日本全国に提供」という記述。対象となる電話のユニバーサルサービスが時代に即していない点はさておき、民間企業に通信サービスを全国津々浦々まで提供させ、撤退もさせないということの記述は、憲法の職業選択の自由（営業の自由）や民法における経済的自由権を奪う内容である。同じような内容を、通信市場全体を規律する電気通信事業法に担わせようとしても、同法は事業の参入退出が原則自由とする法律であるため馴染まない。

NTTが電電公社から設備や事業、顧客基盤を継承し公共性を担うからこそ、NTT法によって民間企業の私権を一部制限することが正当化されている。NTT法は、NTTを名指しで規制できるという点、そして電気通信事業法など他の法律を補完する点で非常に使い勝手がよい法律なのだ。公正競争の一翼を担うNTT東西に対する業務範囲規制もその1つだ。次章で説明する外資総量規制も、実はNTT法による規制が最も都合がよい。

NTT法は、立場によって様々な見方を可能にする法律ともいえる。そんなNTT法だからこそ、後にＮＴＴと、ＫＤＤＩやソフトバンクなど競合他社との間で、延々と平行線をたどる意見の対立を産むことになるのだ。

実はＮＴＴ法のあり方を巡っては、自民党プロジェクトチームのメンバーと総務省の間でも見ている風景が違った。２０２３年8月から本格化するＮＴＴ法見直しの議論では、それぞれのプレーヤーの思惑が複雑に絡み合った展開が進むことになる。

自民党ＰＴと総務省の軋轢(あつれき)

ＮＴＴ法の見直しに向け、先手を打って動いたのが自民党だ。特命委員会の委員長を務めた自民党の萩生田光一政調会長（当時）は２０２３年7月末、ＮＴＴ法のあり方について検討するプロジェクトチームを設置し、同年8月にも議論を開始することを明らかにした。設置が決まった「ＮＴＴ法のあり方に関するプロジェクトチーム（ＰＴ）」（以下、自民党ＰＴ）の座長には、甘利明元自民党幹事長が就いた。甘利氏は経済産業相や党幹事長などを歴任し、党の経済安全保障推進本部長や半導体戦略推進議員連盟の会長を務める重鎮だった。特に安全保障や半導体政策分野において大きな影響力を持つ。自民党ＰＴの事務局長には、後に自民党総裁選に立候補し、一躍知名度を高めることになる、「コバホーク」こと小林鷹之元経済安全保障担当相が就いた。

甘利氏は2023年8月頭、フジテレビの番組に出演し、ＮＴＴの次世代情報通信基盤「ＩＯＷＮ」について「半導体の最終カードになる」という期待を語った。そしてＮＴＴ法については、「今の時代にとても合わない。見直す必要がある」などと発言。特に研究成果の開示義務については「ＩＯＷＮを公開義務としているのはとんでもないことだ」という問題意識を示した。

実は甘利氏は以前、ＮＴＴ社長だった澤田氏の誘いを受けてＮＴＴの研究所に足を運び、ＩＯＷＮの技術を視察したことがあった。半導体の中身を電気から光に変え、消費電力の大幅削減を目指すＩＯＷＮの技術を目の当たりにし、日本の国富を増やす新たな産業戦略として可能性を感じたようだ。「それ以来、甘利氏は『ＮＴＴにもっと頑張れ』と発破をかける、応援団になってくれている」とＮＴＴ幹部は打ち明ける。

甘利氏や萩生田氏のもとには、ＮＴＴ副社長の柳瀬唯夫氏も説明に足を運んだと見られる。柳瀬氏は経済産業省出身の元官僚で、2008年の麻生政権と、2012年の第2次安倍政権の二度にわたり首相秘書官として官邸に入った人物だ。

柳瀬氏は、第2次安倍政権時の2017年、学校法人「加計学園」の獣医学部新設問題で安倍晋三首相（当時）が窮地に立たされた時、元首相秘書官として国会に参考人招致されたものの、巧みな答弁で安倍氏を守り抜いた。だが最終的には霞が関に残ることはできず、2018年7月に経済産業審議官を退任していた。

NTT副社長の柳瀬唯夫氏
（撮影：中山博敬）

そんな柳瀬氏に声をかけたのがNTTの澤田氏である。澤田氏と柳瀬氏は、勉強会などを通じて以前から面識があった。澤田氏は、北米を中心に豊富な人脈を持つ柳瀬氏をNTTの海外事業強化に役立てたいと考え、2018年秋に誘いのメールを送ったのだ。その時は即答には至らなかったというが、柳瀬氏は2019年、NTTグループで当時海外事業を統括していた中間持ち株会社「NTTインク」の非常勤取締役に就くことになった。その後、

２０２２年になって柳瀬氏は、経済安全保障などを担当するＮＴＴ副社長へと昇格していた。柳瀬氏は、経産省の官僚時代から「日本の産業界は『自動車一本足打法』から、多数の峰が連なる『八ヶ岳構造』へと転換すべきだ」という持論を持っていた。日経ビジネス電子版の２０２３年5月のインタビューでも柳瀬氏は、自動車と並び立てる日本の産業は通信であると語り、「ＩＯＷＮは光半導体をつくるコンピューティング産業であり、ソフト面やハード面で必要な会社を集めて、事業化を急ぐ必要がある」という意見を強調していた。このような持論を持つ柳瀬氏と、甘利氏や萩生田氏がこれまで進めてきた半導体や経済安全保障の産業政策の考え方が呼応し合ったことは想像に難くない。

ＮＴＴの説明を受けて、自民党ＰＴのメンバーは防衛財源確保という当初の目的から徐々に離れ、半導体戦略のような産業政策の文脈で、ＮＴＴ法への問題意識を高めていったようだ。実際、自民党ＰＴが始まるころには、当初の目的である防衛財源確保が影を薄めて、情報通信産業の国際競争力向上が大きなテーマとして浮上していた。経済産業相などを歴任した自民党商工族の重鎮たちは、ＩＯＷＮが日本にとっての新たな武器になる可能性があるにもかかわらず、ＮＴＴ法がそれを妨げる「足かせ」になる点に危機感を募らせたと見られる。ＮＴＴの持つ「企業性」に着目し、その障壁となり得るＮＴＴ法の問題にメスを入れることになるのだ。

自民党ＰＴは２０２３年８月下旬に幹部会合を開き、ＮＴＴ法のあり方について２０２３年11月にも提言をまとめるというスケジュールを明らかにした。わずか３カ月強で結論を得る予定である。多岐にわたる論点があり、通信行政の要となっているＮＴＴ法見直しスケジュールとしては異例ともいえる検討期間の短さだった。これには自民党ＰＴが、ＮＴＴ法を所管する総務省に先んじて議論をリードしたいという狙いが垣間見えた。

自民党ＰＴの主要メンバーは当初から、ＮＴＴ法を所管する総務省の動きに不信感を抱いていたようだ。総務省は自民党ＰＴ幹部会合の前日、ＮＴＴ法の見直しを含む通信政策のあり方について情報通信審議会に諮問。２０２４年夏ごろの答申を希望するスケジュールを示していた。

先に説明した通り、総務省にとってＮＴＴ法は使い勝手がよい法律である。通信行政の要として機能している面も多く、抜本的な見直しには多くの時間が必要であることが見えていた。総務省から見るとＮＴＴ法は、ＮＴＴが持つ「公共性」を映し出す鏡だ。自民党

PTのメンバーにはこうした総務省の対応が、「総務省はNTT法を守ることを目的としている」という風に映ったようだ。

総務省の立場で考えると、NTT法は守りたい省益の1つであることは想像に難くない。NTT法による、NTT持ち株会社の取締役や監査役の選解任の認可事項があるからこそ、総務省はNTTににらみを利かせられる。総務省関係者からは、「NTT法の見直しに対応するために、電波オークションの導入準備をしていたような職員も、NTT法の対応に回さなければならなくなった」という不満も聞こえてきていた。

自民党PTは2023年8月末、NTT法のあり方に関する初会合を開催した。そこで座長の甘利氏は「PTの使命はNTT法の廃止も含めて抜本的に見直すということだ」と釘を差した。NTT法を守ろうとする動きが見える総務省に対し、NTT法廃止もちらつかせて、けん制したと捉えられる。NTTが宿命として背負う「公共性」と「企業性」という2つの要素がもたらした亀裂だった。

こうしてNTT法見直しの議論は、NTTの「企業性」に着目し、産業政策の文脈でNTT法廃止も含めて抜本的に検討を進めようとする自民党PTと、あくまで通信行政の文脈から「公共性」の観点でNTT法を守りたい総務省との間で、せめぎ合いを見せながら進むことになる。

「特別な資産」

2023年9月12日、総務省が入る東京・霞が関の合同庁舎2号館8F会議室に、国内通信大手4社のトップが顔をそろえた。NTT法のあり方などについて検討する総務省の有識者会議「通信政策特別委員会」が、NTTの島田明社長とKDDIの髙橋誠社長、ソフトバンクの宮川潤一社長、楽天モバイルの三木谷浩史会長へのヒアリングを実施したからだ。NTT法見直し議論が始まってから初の直接対決となった本会合では、NTTと、NTT以外の3社の対立が鮮明になった。

ヒアリングのトップバッターとなったNTT島田社長は、NTT法は電話時代につくられた規制・ルールであり、「市場変化を踏まえた見直しが必要」と訴えた。

島田氏が最も強調したのが、ユニバーサルサービス提供責務が課せられるNTT東西のメタル設備を使った固定電話を、将来にわたって継続することが現実的ではないという

2023年9月12日に開催された総務省の有識者会議に
通信大手4社のトップが顔をそろえた（写真：共同通信）

点だった。２０２３年３月末時点で約１３００万回線のＮＴＴ東西の固定電話は、２０３５年には５００万回線まで減り、契約者減少に伴ってどんどん赤字が拡大していくと問題提起した。ＮＴＴ東西のメタル設備を使った固定電話の赤字額は、２０２２年度に年３００億円。これが２０３５年度以降は年９００億円以上の赤字に膨れ上がる見込みという。島田氏は、メタル設備を使った固定電話は２０３５年ごろに維持限界を迎えることも示唆した。

　契約者が減少するサービスに固執して、赤字が増えるままにユニバーサルサービスを提供し続けるのは社会全体にとって

NTT東西のメタル固定電話は2035年ごろに維持限界に

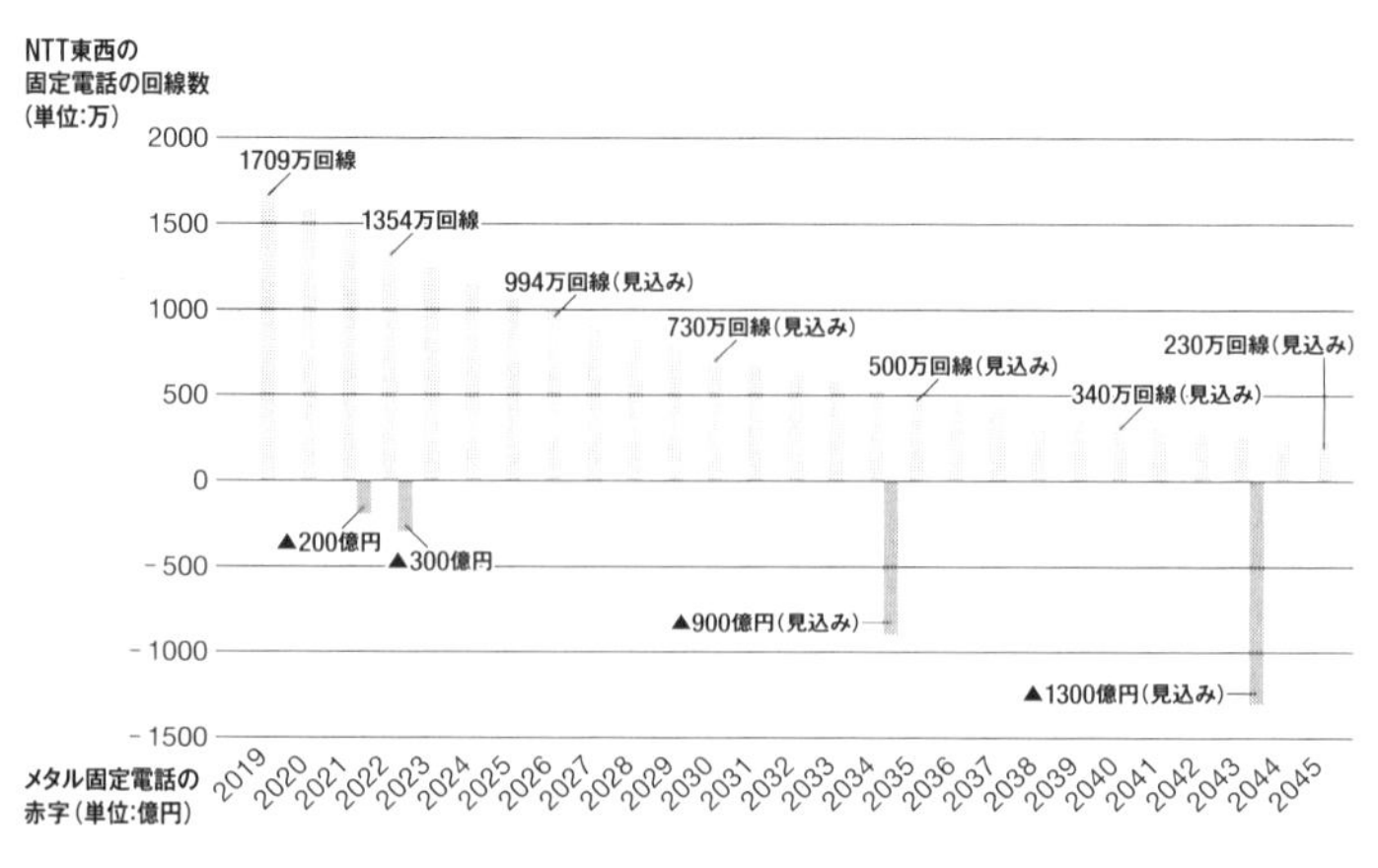

（出所：NTT）

も大きな損失になる。そのため島田氏は「何が国民にとって不可欠な（ユニバーサル）サービスであるか検討する必要がある」と説明。ユニバーサルサービスとして光回線を全世帯に敷設することはコスト高になることから現実的ではなく、「国民に広く普及しているモバイルにより実現していくべきではないか」（同）とした。

ＮＴＴ法の「研究の推進及び成果の普及責務」についても、島田氏は見直しを求めた。ＩＯＷＮの研究開発をパートナーと連携して展開していく場合、「パートナーからＩＯＷＮ技術の独占的な開示を求められても、（ＮＴＴ法の）公平な開示義務があるため要望に答えられない。パートナーリングに課題が出てくる」という問題点を指摘。国際競争力の強化や経済安全保障の観点からも、ＮＴＴ法の研究の推進及び成果の普及責務の見直しが必要と訴えた。

ＮＴＴ法の外資規制については、ＮＴＴに限らず「他の通信事業者や電力などの重要インフラを担う事業者など産業全体で対応していくべき問題」（島田氏）と指摘し、ＮＴＴ法のような特定会社を対象にした特別法ではなく、一般法である外為法（外国為替及び外国貿易法）の強化を検討すべきだという主張を展開した。役員の選解任などＮＴＴ法の各種認可事項についても、「（ＮＴＴ法の）責務が見直されるのであれば、監督機能が低下することになるので不要になる」（同）と撤廃を求めた。

島田氏が語ったＮＴＴの主張は、ＮＴＴ法で最も重要な２つの責務が時代に即しておらず、これらを見直していくことでＮＴＴ法の各種項目が不要になるというロジックである。ユニバーサルサービス提供責務や外資規制については他の事業者にも課せられるべきだとし、ＮＴＴのみに課せられた「くびき」を断とうという論戦を吹っかけたのだ。

そんな島田氏の主張に、待ったをかけたのがＫＤＤＩの髙橋社長だ。

島田氏に続いてヒアリングに登壇した髙橋氏は、ＮＴＴ東西が電電公社から承継した、とう道や管路、電柱などの線路敷設基盤を「我々競争事業者が持ち得ない『特別な資産』」と表現。NTT以外の通信事業者が携帯電話サービスやブロードバンドサービスを提供する際、この特別な資産が重要な役割を果たしているとし、「NTTが『特別な資産』を保有したままのNTT法廃止は反対」（髙橋氏）という主張を展開した。

KDDIの髙橋誠社長（撮影：吉成大輔）

「特別な資産」と表現されるNTT東西が保有する線路敷設基盤は、メタル回線や光ファイバーなどを敷設するための巨大な物理インフラである。とう道は、人が通れるようにした通信回線敷設用のトンネルであり、NTT東西は全国に総延長距離が約650kmに及ぶとう道を持つ。

管路は通信ケーブルを通すための土管だ。NTT東西は地球15周半に相当する約60万kmもの管路を全国に保有する。携帯電話サービスを含めて、日本のほとんどの通信サービスは、NTT東西が保有するこれらの線路敷設基盤を何らかの形で使って提供されている。

筆者も、NTT東西が維持・管理するとう道を何度か見学したことがある。とう道の入り口はテロ対策のために厳重なセキュリティーチェックがあり、同じ理由で地下の構造に関する詳しい地図は用意されていない。東京都内のとう道は、東京・大手町からNTTの研究所がある東京・武蔵野市まで歩くことが可能な長大なルートがあるという。一般にはあまり知られていない、巨大な地下構造物である。

NTT東西が保有する「とう道」は、日本の通信を支える重要基盤だ（撮影：加藤康）

分厚い金属製の扉を開けてとう道に入ると、目に入ってくるのは左右にぎっしりとはわされた大量のケーブルだ。この大量のケーブルは、ビルや住宅などからの電話回線や通信回線を束ねたものであり、とう道を経由してNTTの局舎に引き上げられる。

とう道をさらに進んでいくと、地下深くま

でつながる吹き抜けの階段が現れる。最深部は地下50mに達し、そこに到達するにはビル13階分の階段を降りていく必要がある。

最深部に降りてからも、とう道ははるか先まで続いている。東京都内に残る最も古いとう道は、戦前である1920年代に構築されたものだという。私たちが普段使っているインターネットや通信サービスが、このような巨大な地下構造物によって支えられている事実にロマンを感じずにはいられない。それと同時に、長年の蓄積によって築き上げられたこれだけの設備を、NTT東西以外の事業者が今から新たにつくりあげることは不可能という思いも抱く。

NTT東西が電電公社から承継したこれらの線路敷設基盤は、競合他社にとって通信サービスを提供するために不可欠な設備（ボトルネック設備）として位置付けられている。そのためNTT東西には、電気通信事業法に基づいて、これら線路敷設基盤を適正かつ公平な形で他社に提供する義務が課せられている。

KDDIの髙橋氏は「特別な資産」に関して、電気通信事業法に基づくルールだけでは不十分であり、NTT法による規制が車の両輪として必要になると主張した。

その具体的な例として、NTT法が廃止されると、NTT東西の業務範囲規制も撤廃されることになり、「特別な資産」を持ったままNTT東西とNTTドコモの統合が理論上可能になる点を挙げた。巨大な線路敷設基盤を持つNTT東西とNTTドコモが一体化した場合、競合他社が対抗できないほどの力を持つことになる。その点に髙橋氏は大きな懸念を示したのだ。

髙橋氏はNTT法が廃止されると、公正競争が阻害され、将来的には料金の引き上げなど利用者に不利益をもたらすおそれがあると続けた。NTTに課せられた外資規制についても髙橋氏は、「『特別な資産』の安定的な提供のためには（NTT法による）外資規制が必要」と念を押した。NTTだけに規制を課せる理由は、競合他社が持ち得ない「特別な資産」を保有しているからというロジックである。

一方で髙橋氏は、NTT法における研究の推進及び成果の普及責務に関しては、「国際競争力のために、古くに制定されたNTT法の見直しについては賛成」とし、あらゆる項目に反対している立場ではない点も強調した。

ソフトバンクの宮川社長も、髙橋氏と同じくNTT東西が持つ「特別な資産」のあり方

ソフトバンクの宮川潤一社長（撮影：吉成大輔）

について大きな懸念を示した。宮川氏は「広大な線路敷設基盤を持つＮＴＴが、規律なくこれらを利用することは国民の利便性・公正競争の確保に反する。ＮＴＴ法の撤廃を進めるのであれば、ＮＴＴからこのボトルネック設備を構造的に分離し、アクセス会社、いわゆる０種会社として独立した資本構造にすべきだ」と訴えた。

ソフトバンクは２００９年、光ブロードバンドサービスの普及を加速するために、ＮＴＴ東西のアクセス部門を切り離すという「光の道」構想をぶち上げたことがある。ＮＴＴが、ＮＴＴ法のくびきから逃れたいのであれば、「光の道」構想で示したように、電電公社から承継した線路敷設基盤を切り離すことが筋だとした。

楽天モバイルの三木谷会長も、ＮＴＴ法が廃止になりＮＴＴ東西とＮＴＴドコモの統合が可能になった場合の問題を訴えた。「ドコモが損をしても、その分をＮＴＴ東西が得をすれば、企業グループ内の取引として問題がなくなる。こうした点が何も担保されないことについて、やはりプレッシャーがある」と三木谷氏は語った。

ＮＴＴと、ＮＴＴ以外の３社の主張は、それぞれの立場で考えると筋が通っている。ＮＴＴの立場で見ると、事業ポートフォリオを急速に拡大する中、特にＩＯＷＮの本格的な展開に向けて、ＮＴＴ法の研究の推進及び成果の普及責務がネックになる可能性が見えていた。ユニバーサルサービスの提供責務についても、固定電話の利用者が減り続け、赤字が膨らむことがわかっていた。時代に即してＮＴＴ法の見直しが必要という主張は納得できる。またこれを機会に、ＮＴＴ法による様々な「足かせ」を外し、「普通の会社になりたい」という気持ちも理解できる。取締役の選解任が認可事項である点や、ＮＴＴ持ち株会社には外国人の役員が就くことができないというＮＴＴ法の担保措置は、今となっては過剰な規制だ。

第1章でＮＴＴが、国内通信ビジネスだけでは持続的に成長できない危機意識から、事業ポートフォリオを急拡大するなど、大きな変革に着手している様子を紹介した。スピード感を重視したマインドに社員を変えようという澤田・島田体制の取り組みが、いつまでも従来の「通信ムラ」の論理にＮＴＴを縛り付けるＮＴＴ法の存在と相いれなくなったのかもしれない。もっともそれは、通信市場の監督官庁である総務省への「叛乱（はんらん）」であり、「通信ムラ」の秩序を乱す行為と言えた。

一方のKDDIやソフトバンク、楽天モバイルの立場で見ると、「特別な資産」を持つNTT東西に対して、NTT法による業務範囲規制を続けてほしいという気持ちも理解できた。NTT以外の通信事業者は、NTT東西の線路敷設基盤を利用しなければ、自らの通信サービスをまともに提供できない。NTT東西の公共的な役割を維持し続けることの重要性を身にしみて感じている。「特別な資産」を保有したまま、NTT東西を自由にすることは公正競争を阻害するという意見も筋が通っていた。

NTTと、NTT以外の通信事業者は立ち位置が異なるため、そもそも意見が一致するはずがないのだ。さらに言えば両者の主張は、自らの都合の悪い部分にはあえて触れていない「ポジショントーク」も多分に含まれていた。

例えばNTTは、NTT法の業務範囲規制が公正競争の一翼を担っている事実についてはあえて触れず、公正競争条件は電気通信事業法で規定されているという主張を繰り返した。ＮＴＴ法によってＮＴＴ東西の私権が制限されることを正当化しているのが、電電公社から承継した線路敷設基盤が持つ公共性である点も、自ら触れることはなかった。

対するＫＤＤＩやソフトバンクも、今や６兆円規模の売上高に成長し、モバイルではＮＴＴドコモに匹敵する規模になったにもかかわらず、当初はユニバーサルサービス提供責務の一翼を担うような意見を積極的に示すことがなかった。巨大ＮＴＴに対峙する競争事業者という立場を強調し、今では自らが巨大事業者になっている事実にもあまり触れなかった。ユニバーサルサービスのような重たい責務については、引き続きＮＴＴに押し付けて、自らは回避したいという本音が垣間見えた。

ＮＴＴと、ＫＤＤＩやソフトバンク、楽天モバイルなどによる「反ＮＴＴ」の対立は、こうして自らの都合の悪い部分には触れないまま、その後、ますますヒートアップしていくことになる。

広がる亀裂

次に通信大手４社のトップが激突したのは、東京・永田町の自民党本部ビルの会議室においてだ。自民党ＰＴは２０２３年10月19日、ＮＴＴの島田社長とＫＤＤＩの髙橋社長、ソフトバンクの宮川社長、そして楽天モバイルの三木谷会長へのヒアリングを実施した。三木谷氏はオンライン参加となった。

自民党ＰＴ会合の中身は非公開だったが、終了後に会議室を後にした各社の厳しい表情からは、会合で激しい議論が交わされたことがうかがえた。

異例だったのはその直後の展開だ。ＮＴＴと「反ＮＴＴ」３社が、永田町付近のホテルを借り、ほぼ同時刻にそれぞれ別々にＮＴＴ法のあり方についての会見を開いたのだ。

自民党PTのヒアリング後に会見するNTT島田社長
（撮影：柴仁人）

「ＮＴＴ法の役割はおおむね完遂した。メタル固定電話のユニバーサルサービスの責務は、電気通信事業法で規定されているブロードバンドのユニバーサルサービスへと統合すべきだ。もう1つの研究の推進及び成果の普及責務も廃止すべきである。この２

つの責務がなくなればＮＴＴ法の中身がなくなる。当然、ＮＴＴ法は必要ではなくなる」

ＮＴＴの会見では島田氏が、このようにかなり踏み込んだ主張を展開した。大まかな内容こそ９月の総務省のヒアリングで示した中身と変わらないが、「ＮＴＴ法は結果的に必要なくなる」と島田氏が明言したのは、この日が初めてだった。

島田氏が触れている「ブロードバンドのユニバーサルサービス」については少し説明が必要だろう。

ややこしい話になるが、日本の通信関連のユニバーサルサービスは実は、「電話のユニバーサルサービス」と「ブロードバンドのユニバーサルサービス」の２つが存在する。電話のユニバーサルサービスとは、これまで触れてきたＮＴＴ法によってＮＴＴ東西に対して「あまねく全国提供」責務が課せられている、主にメタル回線を使ったアナログ固定電話のことだ。ＮＴＴ法で「あまねく全国提供」責務を課し、該当サービスについては電気通信事業法で規定するという法律の建付けになっている。

もう１つのブロードバンドのユニバーサルサービスとは、電気通信事業法のみで規定し、国民生活に不可欠となるテレワークや遠隔教育、遠隔医療が全国あまねく提供可能となるようなブロードバンドサービスのことを指す。現在はＦＴＴＨ（光回線）や光回線を使ったＣＡＴＶなどが具体的なサービスとして指定されている。

ブロードバンドのユニバーサルサービスは２０２２年の電気通信事業法の改正によって、電話のユニバーサルサービスと同様の、他の通信事業者が用意する負担金を、不採算地域のサービス維持費の一部に充てる交付金制度が用意された。現時点で交付金制度のためのコスト算定方法を精査中であり、制度の詳細は決まっておらず、稼働に向けて詳細を検討中の段階である。

ブロードバンドのユニバーサルサービスを提供する事業者についても、指定前の段階であり、現時点で名乗りを上げている事業者はいない。さらにいえばブロードバンドのユニバーサルサービスでは、電話のユニバーサルサービスのように、全国あまねく安定的に提供していくための保障が用意されていない。ブロードバンドのユニバーサルサービスは電気通信事業法のみで規定しており、同法は基本的には参入退出が自由な法律であるため、ＮＴＴ法のような退出規制の記述が難しいのだ。

島田氏は９月のヒアリング時に、交付金制度などいくつかの条件が整えば、誰も手を挙げる事業者がいない地域において、ＮＴＴ東西がブロードバンドのユニバーサルサービスを提供する責務を負ってもよいという踏み込んだ発言をした。

ここでいう提供責務とは、ＮＴＴ法における「あまねく提供責務」とは内容が少し異なり、「最終保障提供責務」と呼ばれるものであるのだが、細かい話になるので詳細は次章で触れることにしよう。つまり島田氏は、条件さえ整えばブロードバンドのユニバーサルサービスの責務を背負ってもよいので、ＮＴＴ法の「あまねく提供責務」をなくしてほしいと言っているわけだ。

確かに諸外国では、ＮＴＴ法のような特定の会社を対象にした特別法は一部の国を除いてなくなっている。電気通信事業法のような通信市場全般を規律する法律で、ユニバーサルサービスの規定などを定めている。

ただ日本の場合、ＮＴＴ法が存在することを前提に電気通信事業法自体が「ざくっと」した書き方のまま運営されているのが実態だ。仮にＮＴＴ法を廃止して電気通信事業法に一本化するにしても、電気通信事業法の抜本改正が必要になる点が大きなネックとなる。

自民党PTのヒアリング後にKDDIとソフトバンク、楽天モバイルは
合同会見を開催した（撮影：吉成大輔）

島田氏がこの日の会見で、最も語気を強めたのは、ＫＤＤＩやソフトバンクなどが主張する、ＮＴＴ法が廃止されるとＮＴＴ東西とＮＴＴドコモの統合が可能になるという点についてだ。「ＮＴＴ東西とＮＴＴドコモを統合する考えはない。法的な担保がないのであれば、電気通信事業法の禁止行為として書いてもらっても構わない」と切って捨てた。

同時刻に別会場で行われたＫＤＤＩとソフトバンク、楽天モバイルによる合同会見でも、ＮＴＴと「反ＮＴＴ」連合の亀裂がさらに広がっている様子が見えた。

「時代に合わせたＮＴＴ法の見直しは賛成の立場だが、国民の利益が損なわれるＮＴＴ法廃止を強引に進めることは絶対反対だ」

ＫＤＤＩの髙橋氏は合同会見でこのように激しい口調で訴えた。ＫＤＤＩやソフトバンクなどはこの日、ＮＴＴ法廃止に反対する通信事業者やインターネット接続事業者、ＣＡＴＶ事業者など１８０者の連名で、自民党ＰＴと総務相に対して、ＮＴＴ法のあり方について慎重な検討を求める要望書を提出した。ＫＤＤＩなど反ＮＴＴ連合は、「特別な資産」を持つＮＴＴは、これまで通り、ＮＴＴ法によって責務を課していくべきだという意見を繰り返した。

反ＮＴＴ連合の３社は、自民党ＰＴの主要メンバーとＮＴＴが裏で手を握り、限られた関係者によってＮＴＴ法廃止を前提とした動きを進めているのではないかと疑念を抱いていた。

ソフトバンクの宮川社長は、後に会見で「ＮＴＴとは協力し合ってきたのにもかかわらず、こんなことで分裂してしまってよいのか。このしこりは10年や20年では取れない。日本の通信にとって悲しいことだ」と嘆いた。ＮＴＴ法のあり方を巡って、ＮＴＴとそれ以外の通信事業者の間に、決定的な亀裂が生じてしまったことを物語っていた。

ＮＴＴと反ＮＴＴ連合の間に亀裂をもたらした激しい論戦から、ＮＴＴ法のあり方について、以下の４項目が論点になることが見えてきた。

①研究の推進及び成果の普及責務のあり方
②電話のユニバーサルサービス提供責務のあり方
③公正競争のあり方
④外資規制のあり方

①の研究の推進及び成果の普及責務については、ＮＴＴと反ＮＴＴ連合のいずれも見直しに賛成した。ただし②から④の論点は、ＮＴＴが電気通信事業法や外為法など他の法律に統合すべきだと主張するのに対し、ＫＤＤＩやソフトバンクなどの反ＮＴＴ連合は、いずれもＮＴＴ法による維持が必要と訴えた。

この時点で、自民党ＰＴが２０２３年11月に提言をまとめるとした期日まであと１カ月

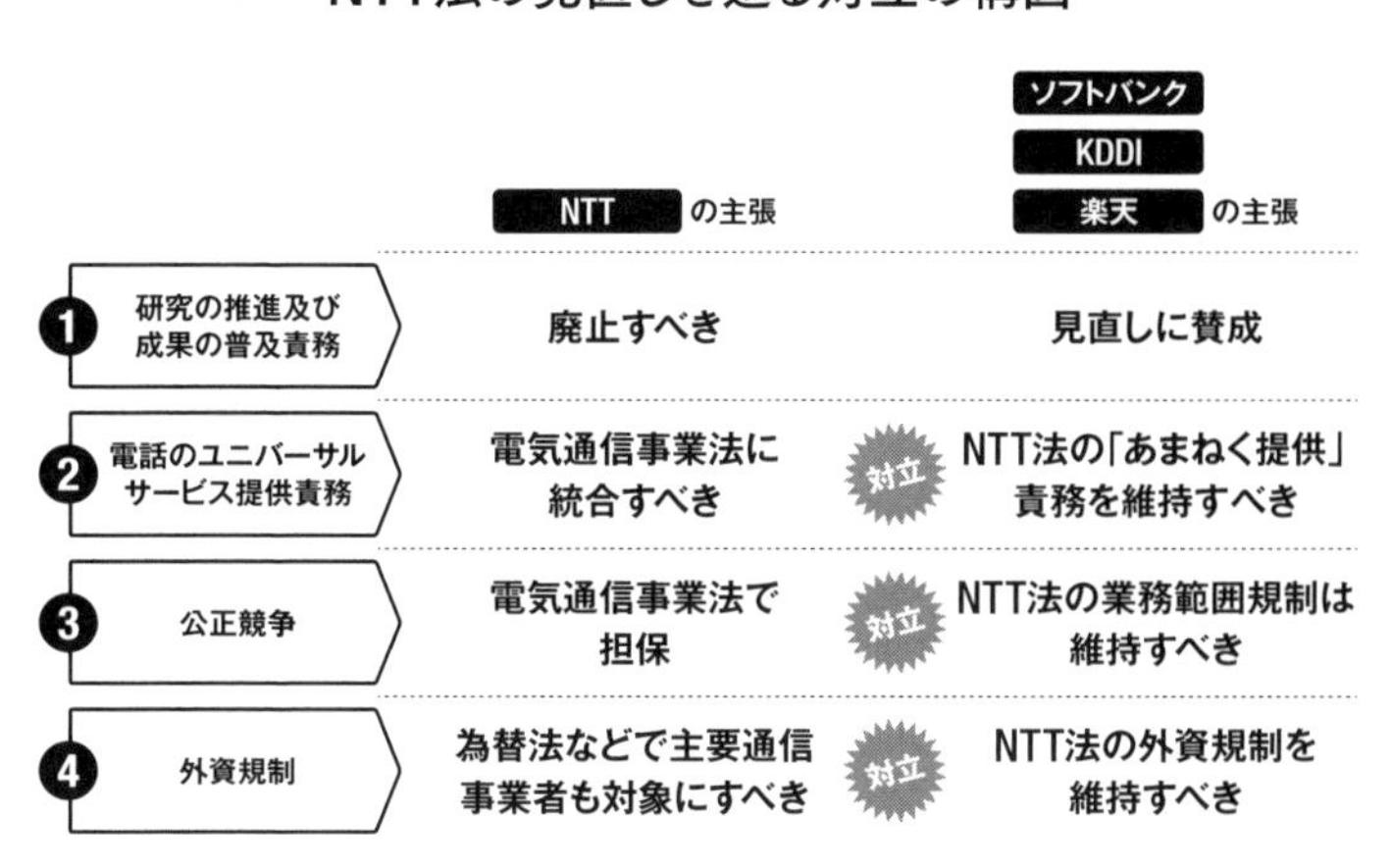

強しか時間が残っていなかった。その後、自民党ＰＴがＮＴＴ法のあり方の提言原案をまとめるに当たって、思わぬところから反発の声がわき上がった。自民党内部からの反発である。

自民党内部からも慎重論

「廃止ありきの原案になっている。担保措置のない廃止には反対だ」

自民党ＰＴは２０２３年11月16日、自民党の情報通信戦略調査会との合同役員会を開催した。自民党ＰＴはＮＴＴ法のあり方に関する提言の原案を示したものの、原案のＮＴＴ法廃止を巡る記述について、情報通信戦略調査会に所属する自民党議員から反対の声が巻き起こったというのだ。

自民党ＰＴが示した提言の原案は、２０２５年の通常国会までに2段階でＮＴＴ法を廃止するという内容だった。

第１ステップでは異論の少なかったＮＴＴ法における研究成果の公開義務を撤廃し、２０２４年の通常国会に提出する。その際、付則に２０２５年の通常国会までにＮＴＴ法を廃止すると明記する。

第２ステップでは、ユニバーサルサービスの手段や提供事業者を拡充するように、電気通信事業法を改正。ＮＴＴ法の外資規制についても現行の外為法の投資審査を補強する。公正競争の一翼を担う業務範囲規制については電気通信事業法に必要な規定を盛り込み、ＮＴＴ法における規定は撤廃すべきだとした。そして「２０２５年の通常国会までに電気通信事業法の改正等、関連法令に関する必要な措置を講じ、もってＮＴＴ法を廃止することを求める」と記載したのである。自民党ＰＴの原案は、おおむねＮＴＴの主張に沿った内容になっていた。

情報通信戦略調査会のメンバーからは、他の法制度にＮＴＴ法の内容を統合できるかどうかまだ検討が必要な段階で、提言の原案がＮＴＴ法廃止ありきの記述になっている点について、慎重論が飛び出たという。情報通信戦略調査会は情報通信分野の政策を検討する組織であり、元総務相経験者など、自民党の中でも総務省に近いメンバーが多く参加している。

情報通信戦略調査会の事務局長を務めた自民党の大岡敏孝衆院議員は、後の筆者の取材に対し、「調査会の立場では、個別企業であるＮＴＴの成長戦略よりも、業界全体をどのように成長させるのかのほうが大事。国会議員として一番大事にしているのは、業界を構成する何百といった会社がＮＴＴと公正に競争して成長している環境を整備することだ。国内市場を血の海にするのはやめてほしい」という慎重な見方を示していた。

なお情報通信戦略調査会のメンバーから見ても、今回のＮＴＴ法見直しの議論は、甘利氏や萩生田氏から突然持ち込まれた話だったという。ある自民党の議員は、今回のＮＴＴ法見直し議論の経緯について、「ＮＴＴ法廃止のためにはどうすればよいのかが最初にあり、逆算的に防衛財源の話をもってきたのではないか」と疑いの目を向けていた。

自民党PTの提言案について説明する座長の甘利明氏（撮影：筆者）

自民党は「自分党」と揶揄されることもある通り、様々な意見を持った議員が存在し、決して一枚岩の組織ではない。産業政策の文脈でNTT法廃止を強引に進めようとする自民党PTのメンバーに対し、慎重論が内部からも出るということは、ある意味で自民党が健全な組織であることの表れともいえた。

自民党PTと情報通信戦略調査会は2023年11月22日にも合同役員会を開催。ここで自民党PTは提言の原案について、当初「2025年の通常国会までにNTT法を廃止することを求める」としていた文章を、「2025年の通常国会を目途にNTT法を廃止することを求める」と表現を弱めた。さらに「関連法令に関する必要な措置を講じ」という表現についても、「関連法令に関する必要な措置を講じ次第」と、関連法令が担保されることがNTT法廃止の条件という記述に調整した。

こうして自民党内部の意見を調整した自民党ＰＴは２０２３年12月１日、提言とりまとめの最終会合を開いた。提言では、修正案の通りＮＴＴ法廃止に向けて２段階のステップを踏む形とした。第１ステップは２０２４年の通常国会で、法改正によってＮＴＴ法における研究開発の開示義務の撤廃を進める。法案の付則に「廃止に向けた措置をとる」と明記し、第２ステップでＮＴＴ法廃止を目指すことを明確にする。

第２ステップは２０２５年の通常国会を目途に、必要な措置を講じた上でＮＴＴ法廃止を目指す。ＮＴＴ法が担っていたユニバーサルサービス提供責務や外資規制を、外為法の法令や電気通信事業法の改正によってカバーすることが条件となる。自民党ＰＴの事務局長を務めた自民党の小林鷹之元経済安全保障相は「２０２５年を目途としているが、ＰＴとしては年を越えるものではないと考えている。一部間に合わない項目があっても、２０２５年の臨時国会にて審議という目標感だ」と説明した。

ＮＴＴ法で定めた政府によるＮＴＴ持ち株会社の３分の１以上の株式保有義務について、提言で「撤廃すべきだ」とする一方、保有株式の売却については「別途政策的な判断に委ねる」という表現にとどめた。政府が株式を保有し続けて、株主としての権利を一定期間行使することも可能になる書き方だった。株式を売却した場合、「情報通信分野の研究開発や通信インフラの維持・整備などに充てることが望ましい」とした。もともとのNTT法見直しのきっかけとなった防衛財源の確保については、提言では明確に記述されなかった。

自民党PTは今後、特命委員会に格上げされ、提言通り作業が進んでいるのか、チェックする役割を担うことも明らかにした。

提言取りまとめの最終会合の後、筆者の質問に答えた自民党PT座長の甘利氏は、「役員を決める、経営方針を決める。定款を変えるといった主要項目を株主総会で決められないのが今のNTT。会社法では株主総会が最高の意思決定機関となるが、NTTは総務相が承認しなければ決めたことにならない。これを会社法上の『普通の会社』とし、企業の意思を研究開発や経営戦略に反映できるようになることが、（今回のNTT法のあり方の提言の）一番の目的だ」と話した。

甘利氏のこの発言からは、会社法上の「普通の会社」ではなかったNTTの「企業性」を高め、国富の増大に期待する産業政策の視点が、自民党PTの問題意識として最後まで貫かれたことを物語っていた。

ＮＴＴ寄りの内容で決着した自民党ＰＴの提言について、ＫＤＤＩなど競合各社は直ちに懸念を表明した。

「自民党ＰＴの提言は、ＮＴＴ法の廃止というＮＴＴ１社のみの意向に沿ったもの。市場を形成している大小様々な企業、何よりも国民の声を十分に聞いたものとは言えない」

ＫＤＤＩの髙橋社長は２０２３年12月４日、ソフトバンクや楽天モバイルなどと共同で記者会見を開催し、強い口調で自民党ＰＴの提言を非難した。髙橋社長は「ＮＴＴ法は公正競争維持に重要な法律であり、国民の利益に直結する大きな意味を持つ」とし、全国の電気通信事業者や自治体など１８１者の意見として、改めてＮＴＴ法「廃止」に反対。オープンな場で慎重な政策議論を進めることを要望した。

ソフトバンクの宮川社長も「通信政策の見直しで、なぜＮＴＴ法を廃止しなければならないのか。ＮＴＴ法改正でいいのではないか。国民不在の中で決着するのは断固反対したい」と声を張り上げた。

しかしこうした声が届くことはなく、自民党PTの提言は同年12月5日、政務調査会の党の提言として正式に固まった。提言自体に法的効力はないものの、政府与党の提言として、NTT法の廃止も視野に入れた大きな方針がこの日に定まったことになる。突如NTT法見直しの議論が浮上してから、わずか半年という急転直下の決着となった。

❖ ❖ ❖ ❖ ❖

政府方針を受けて、実際の法改正の作業を担う総務省も動いた。総務省の通信政策特別委員会は同年12月22日、第1次報告書案をまとめた。自民党の提言に沿って、まず速やかに実施すべき事項として、NTT法における「研究の推進及び成果の普及責務」の撤廃、「外国人役員規制の緩和」が必要と整理した。NTT持ち株会社の外国人役員規制については、代表者ではないことや、役員の3分の1未満を条件に規制を緩和する方針とした。

その後、総務省は、速やかに見直すべきNTT法の項目として、役員選解任の事前認可を事後届け出制にすることや、NTTの正式社名である「日本電信電話株式会社」の社名変更を可能にする点を追加した。

実はNTT法の正式名称が「日本電信電話株式会社等に関する法律」であることから、NTTは自ら社名変更することができなかった。NTTからは、電信サービスは20年前に終了しており、電話もメインの事業でなくなっていることから、社名を変更したいという要望が出ていた。

政府は2024年3月1日、これらの項目の撤廃や緩和を含むNTT法改正案を閣議決定した。2024年の通常国会に提出する第1ステップの措置である。第2ステップである2025年の通常国会とつなげる付則の記述については「法律の廃止を含め検討」「令和7年（2025年）に開会される国会の常会を目途」と明記した。

NTT法改正案は2024年4月17日、参議院本会議で可決・成立した。NTTは同日、「グローバルなパートナーと機動的に連携しながら、引き続き研究開発に積極的に取り組んでいく」とコメントした。外国人役員規制の緩和については「当社の機動的な経営に資する」と歓迎する一方で、外資規制一般については「我が国の経済安全保障の観点から、主要通信事業者全体を対象として議論が必要」というこれまでの主張を繰り返した。

ＫＤＤＩとソフトバンク、楽天モバイルも同日にコメントを発表し、「ＮＴＴ法廃止を含めた検討や時限を設ける規定は、拙速な議論を招きかねない」と、付則に書かれた記述のまま、法案が成立したことについて強い懸念を示した。

２０２４年4月25日、改正ＮＴＴ法が施行され、ＮＴＴの「足かせ」であった研究開発の開示義務や、外国人役員の規制、役員選解任の事前認可などが撤廃・緩和された。晴れてＮＴＴは「普通の会社」に近づいたのだ。

もっとも、この第1ステップのＮＴＴ法改正は、競合を含めて異論がほとんど出なかった項目を撤廃・緩和したにすぎなかった。ＮＴＴ法見直しの本丸といえる、ユニバーサルサービス提供責務、公正競争、外資規制のあり方についての3点は、第2ステップである２０２５年の通常国会を目途として継続議論となっていた。そしてこのＮＴＴ法見直し第2ステップの論戦で、ＮＴＴはさらなる「叛乱（はんらん）」を起こすのである。さらにその先には、「通信ムラ」を取り仕切る総務省が、巻き返しを図るという展開も待っていた。

第5章

叛乱(はんらん)の真意

予想の斜め上を行く提案

「能登半島地震においても、モバイルの重要性がさらに増大していることがわかった。避難所など自宅以外でもコミュニケーションを取れることが非常に重要だ。そういう意味で今後のユニバーサルサービスはモバイルを軸とした体系に見直すべきだ」

NTTの島田明社長は2024年2月22日、NTT法見直しに関する総務省の作業部会でこのように訴えた。筆者はその主張を聞き、思わず体をのけぞってしまった。これまでのNTTでは考えられないような大胆かつ過激な主張だったからだ。

総務省は2024年1月、NTT法見直しの第2ステップとなる議論を本格スタートした。2025年の通常国会を目途とした第2ステップに向け、残された大きな論点である①ユニバーサルサービス提供責務、②公正競争、③外資規制のあり方を議論する場として総務省は、ユニバーサルサービス、公正競争、経済安全保障という3つの作業部会（WG）

を立ち上げた。いずれも2024年夏ごろの取りまとめを目指すスケジュールとした。

3つの作業部会のうち、最も議論が紛糾したのが、国民生活に直結する分野であり、NTT法見直し第2ステップの本丸といえる「ユニバーサルサービスWG」だった。そして、その紛糾を巻き起こしたのがNTTだった。政策検討の現場において、これまで保守的で守りの姿勢を見せてきたNTTが、そこでは競合を含めて最も過激な主張を展開したのである。

NTTが「普通の会社になりたい」のであれば、第1ステップのNTT法改正でその多くを実現できたことになる。だがNTTの「叛乱（はんらん）」はそれで終わらなかった。自らに課せられた「公共性」の役割において、最も重要といえるユニバーサルサービス提供責務について、NTTだけではなく携帯電話事業者を含めて提供していくべきだという論陣を張ったのである。筆者には「通信ムラ」に対する、NTTの「さらなる叛乱」という風に映った。

ユニバーサルサービスとは、国民にとって不可欠で、誰もがどこでも低廉な料金で利用できるサービスのことである。現在、日本の通信分野では、「電話のユニバーサルサービス」と「ブロードバンドのユニバーサルサービス」の2種類があることを前章で紹介した。

特にＮＴＴ法のあり方に関係してくるのが、前者の電話のユニバーサルサービスである。電話は、官営で始まった明治期以来、国民生活に不可欠なユニバーサルサービスとして位置付けられている。電話は、国民が情報をやり取りする際の最も基本的な基盤として、長年その座を維持している。

電話のユニバーサルサービスとして現在も提供されているのが、昭和の時代から続くメタル回線を使った固定電話である。電電公社の設備や顧客基盤を引き継いだＮＴＴ東西は、ＮＴＴ法三条にある「全国あまねく提供」責務によって、利用者の要望がある限り、特定のケースを除いて、メタル固定電話を全国世帯のどこでも１００％提供しなければならない。利用世帯がいる限り、撤退もできない。

仮にＮＴＴ法が何の手当もなしに廃止された場合、ＮＴＴ東西は、不採算地域の固定電話提供から自由に撤退できるようになる。もちろんＮＴＴ東西はそんなことをやるはずはないと思うが、電話のユニバーサルサービスの「全国あまねく提供」の法的担保がなくなるため、こうした事態が起きかねない。国民にとって不可欠であるサービスが、確実に提供される保障がなくなってしまうのだ。先ほど、ユニバーサルサービスの議論が国民生活に直結すると説明したのは、これが理由である。

NTTは現在、電話のユニバーサルサービスとして提供しているメタル固定電話について、2035年度には終了せざるを得ないとする。

NTT東西のメタル固定電話の契約数は、最盛期には約6300万回線あったが、2023年3月末には約1300万回線まで減った。NTTは2035年ごろにはメタル固定電話の契約数が約500万回線まで減少すると予想する。回線数の減少と設備の老朽化によってメタル固定電話のコスト効率が悪化し、現在年300億円の赤字が2035年には年900億円規模まで膨らむとする。このままではメタル固定電話の提供が難しくなるとNTTが判断した時期が、今から約10年後の2035年度というわけだ。

ユニバーサルサービスの検討においては、競争原理や経済合理性に頼るだけでは、全国あまねくサービスを提供・維持することが困難である点が話を難しくしている。誰が最終的に責任を持って、不採算地域にもエリアを広げるのか。サービスを持続的に維持していくためには赤字を補填する交付金制度も必要になる。利用者がいる限り撤退できないようにする政策も必要だ。その際、国民負担をできる限り少なくしていく視点も求められる。

こうした視点で見ていくと、利用者が減少するメタル固定電話にしがみついて赤字を垂れ流すことは、社会全体の損失につながる。ＮＴＴが２０３５年度と期限を切って、メタル固定電話の移行作業を進めると表明したことは望ましい方向だ。

では メタル固定電話を２０３５年度にストップするとして、その代わりとなるユニバーサルサービスは、どんなサービスがよいのか。現在、特定条件に限り提供が認められた、光回線上で提供される固定電話（光回線電話）や、携帯電話網を利用した固定電話（ワイヤレス固定電話）を拡大するのか。さらにユニバーサルサービスの提供は、引き続きＮＴＴ東西だけが担っていく形がよいのか。それとも他の事業者も協力する形にしていくべきなのか。

筆者を含め多くの業界関係者がなんとなくイメージしていたのが、メタル回線を徐々に光回線に置き換え、電話のユニバーサルサービスをブロードバンドのユニバーサルサービスに統合していくという未来図だった。

前章でも少し触れたが、ブロードバンドのユニバーサルサービスは現在、稼働に向けて制度の詳細を検討中の段階だ。ブロードバンドのユニバーサルサービスは、参入退出が原

NTT法見直し第2ステップの経緯

2024年 1月18日	総務省の通信政策特別委員会、NTT法見直し第2ステップの議論のために3つのワーキンググループ(WG)を設置
2024年 2月22日	総務省のユニバーサルサービスWGにおいて、NTTがモバイルを軸にしたユニバーサルサービスの体系に見直すべきという意見を展開
2024年 4月23日	総務省のユニバーサルサービスWGにおいて、NTTが試算結果を披露
2024年 7月まで	総務省の3作業部会が論点整理案を公表
2024年 8月14日	岸田文雄首相(当時)が9月の自民党総裁選への不出馬を表明
2024年 9月27日	自民党総裁選の結果、石破茂元幹事長が自民党新総裁に選出
2024年10月 1日	石破新政権が誕生
2024年10月 9日	石破首相が衆院を解散。15日告示、27日投開票で衆院選挙
2024年10月17日、18日	総務省の3作業部会が報告書案を公表
2024年10月27日	衆院選の結果、自民党が大敗。甘利明氏は議席を失う
2024年10月29日	総務省の通信政策特別委員会が通信大手4社にヒアリング。4社は報告書案におおむね賛同

則自由である電気通信事業法のみで規定しており、NTT法における「全国あまねく提供」のような民間企業の私権を制限する記述が難しい。この点が大きな課題になっている。

政府のデジタル田園都市国家構想は、2027年度末までに光回線の全国世帯カバー率を99・9%にしていく目標に掲げている。その流れの延長として、メタル回線の光回線への移行を進め、電話のユニバーサルサービスをブロードバンドのユニバーサルサービスへと統合、メタル固定電話を、光回線を使った固定電話に置き換えていく。そして部分的に他の事業者も協力するものの、課題となっていた全国世帯への100%提供保障を、最終的にNTT東西が担ってくれたら……。そんな期待を、多くの業界関係者が抱いていた。

実際、島田氏も2023年9月に総務省が実施したヒアリングにおいて、「交付金制度などいくつかの条件が整えば、誰も手を挙げる事業者がいない地域において、NTT東西がブロードバンドのユニバーサルサービスを提供する責務を負ってもよい」と語っていた。

だが島田氏は2024年2月のユニバーサルサービスWGのヒアリングにおいて、今後のユニバーサルサービスについて、光回線から一足飛びに「モバイルを軸にした体系に見直すべきだ」と、予想の斜め上を行く提案をぶち上げたのである。そこに多くの業界関係者が驚いたのだ。

「覚悟を決めて書いた」

利用者目線で見ると、島田氏の主張はごく当たり前に映る。

現在、国内の固定電話契約数がIP（インターネットプロトコル）電話を含め6000万契約であるのに対し、モバイル（携帯電話）の契約数は2億契約以上だ。国民にとって最も身近な通信手段は、固定電話ではなく携帯電話という点は多くの国民が実感するところだ。実際、総務省が2016年に発生した熊本地震における家族や友人とのコミュニケーション手段を調査したところ、携帯電話が70％、メッセージサービスのLINEが46％の利用であるのに対し、固定電話はわずか8％にとどまった（複数回答可）。

2024年1月に発生した能登半島地震においても、NTTグループは「携帯電話事業者のモバイル回線を最優先に復旧した」（島田氏）。その際、避難所などにおいてドコモの携帯電話を公衆電話の代わりに提供したものの、利用頻度は高くなかったという。利用者の多くは自分の携帯電話やスマホに電話番号を保存しているため、自分の携帯電話やスマホが動かなければ、どこに電話をかけてよいのかわからないからだ。

こうした実態を踏まえて島田氏は、「電話とメッセージサービスをユニバーサルサービスとして保障し、利用実態を踏まえて、アクセス手段はモバイルを対象にすべきだ」と強調したのだ。

モバイル網は、導入コストや維持コストが高い固定網と比べて、安価に面的カバーを広げられる。携帯電話事業者の競争の進展によって、4G（LTE）の人口カバー率は99％を超えている。こうした既存ネットワークを活用しつつ複数事業者でエリアをカバーすることで、効率的なユニバーサルサービスの維持・運用の可能性が見えてくる。

それを実現するために島田氏は、携帯電話事業者に対して、「既存の提供エリアでの退出規制と、提供エリア内で電波が届かない場合への拡大提供義務を課すと共に、未提供エリアにおける最終保障提供責務を課していくべきだ」と指摘。現在、NTT東西に課されている退出規制などの制限を、NTTドコモやKDDI、ソフトバンクなどにも課していくべきだとしたのだ。

「通信ムラ」の関係者が最も驚いたのがこの部分である。島田氏が「この部分は覚悟を決めて書いた。ただお客さま目線で考えると、事業者としてはこれくらいの心意気がないといけないと思っている」と語ったように、実はさらりと済ますような話ではない。既存の通信関連法制度を根こそぎつくり変えるくらい大胆なことを言っているのである。

筆者は、今回のNTT法見直しの議論には関わっていないが、総務省で開催されているいくつかの有識者会議で構成員を務めている。制度整備にも関わってきたため、電気通信事業法や電波法など通信関連の法制度はある程度、理解している。そのため筆者も「通信ムラ」に属しているということを批判的に自覚している。その筆者の感覚からしても、携帯電話事業者にユニバーサルサービスの義務を課すというNTTの提案は、現行制度との乖離（かいり）が大きく、かなり無理筋と感じた。

案の定、KDDIやソフトバンクなどの競合や、作業部会に参加する構成員は、NTTの提案に対し、問題点や疑問点を次々に指摘した。

例えば、構成員からは「携帯電話事業者に退出規制を課すことは、事業者の設備投資インセンティブをそぐおそれがある」という指摘が出た。不採算地域でユニバーサルサービス提供の義務が課せられ、サービスから撤退できなくなるのであれば、事業者は端からそういった地域に進出せず、利用者が多い地域のみに設備投資するという指摘だ。ユニバーサルサービスは、未整備エリアを解消していくことが目的の1つであるため、場合によっては、その目的に逆行する結果をもたらす可能性がある。

「電波法で担保されているエリア拡大の責務をユニバーサルサービスでも課すことは、二重規制に当たる」（楽天モバイル）という声も出た。携帯電話事業者は、国民の共有財産である電波を割り当てられる条件として、エリア拡大や電波を有効利用する義務が課せられている。二重規制によって事業者負担が大きくなることを避けるべきだという意見である。


ユニバーサルサービス提供のために、一般の民間企業に対して退出規制を課すことは、そもそも電波法など現行法と整合性を取ることが非常に難しいという問題点も浮かび上がる。携帯電話事業者に割り当てられた電波は、未来永劫（えいごう）、占有できるわけではない。電波法に基づく電波割り当ての認定期間は最長10年である。事業の参入退出は基本的には自由だ。

ユニバーサルサービスの維持を目的として運用されている交付金制度を、モバイルに適用することは難しいという指摘もあった。現在の交付金制度は、ＮＴＴ東西と接続する他の通信事業者が電話番号数に応じて負担金を用意し、固定電話の赤字の一部を補填する仕組みである。私たちが普段使う携帯電話の料金明細に「ユニバーサルサービス負担料、月２円」などと記載されているのがこの交付金の原資だ。

同じ仕組みをモバイル網を拡大する際に、不採算地域の赤字補填に活用しようとしても、「携帯電話事業者は大幅な黒字であるため、国民負担が発生することへの理解は得られない」（構成員）ということだ。

ＮＴＴが主張したモバイルを軸にしたユニバーサルサービスの提案は、従来の固定地点における世帯利用を前提とした利用形態を、移動範囲における個人利用に広げるという提案でもある。この点についても構成員からは「将来的にはモバイルに移行することには異論はないが、時期尚早で、引き続き固定地点・世帯利用を前提とすべきではないか」という声が続出した。「モバイルは屋内やビル陰で通話できないエリアができてしまうのが必然であり、こうした不感地帯を解消するにはコスト的にも厳しくなるのではないか」（構成員）という指摘もあった。

しまいには、ソフトバンクから、モバイルを軸にしたユニバーサルサービスを提案するＮＴＴの真の狙いは、「ＮＴＴ法第三条の『全国あまねく提供』責務をＮＴＴドコモなど携帯電話事業者に寄せて、あわよくばＮＴＴ法をなくせないかという風に見える」と追い打ちをかけられる始末だった。

「通信ムラ」から見て無理筋な議論をしかけたＮＴＴは、案の定、集中砲火を浴びて返り討ちを招く結果となった。もっとも筆者自身への批判も込めていうと、「通信ムラ」の考え方は現行制度ありきで、利用者の実態とかけ離れた本末転倒になりかねない危うさもあった。

それでも主張を諦めないＮＴＴは、モバイルを軸にしたユニバーサルサービスにした場合、どれだけ国民負担を抑えられるのか試算した結果を4月の総務省の作業部会で披露することになる。ただここでも、ＮＴＴの主張は「炎上状態」に陥るのだ。

乱暴な議論

「モバイルを軸にしたユニバーサルサービスに変更することで、電話においては現行制度では７７０億円の赤字をもたらすところ、60億円まで赤字を圧縮できる。追加コストなく、固定地点のみでなく居住エリアでも電話が利用できるようになる」

NTTによるコスト試算の概要

年間赤字額770億円

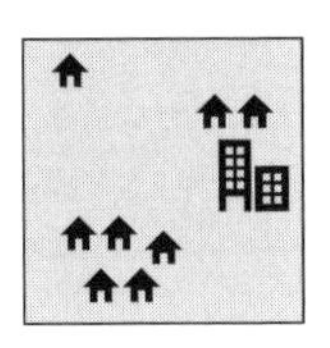

●パターン1
固定系(ワイヤレスも活用)とモバイル系のいずれかで100%カバー

年間赤字額320億円

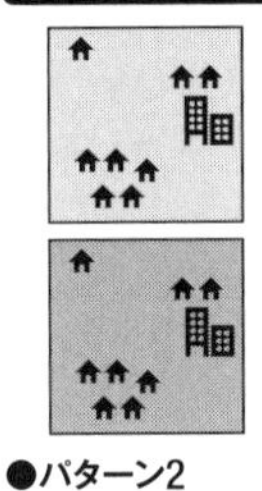

●パターン2
固定系(ワイヤレスも活用)とモバイル系の両方で100%カバー

年間赤字額30億円

●パターン3
固定系(ワイヤレスも活用)とモバイル系のいずれかで100%カバー

年間赤字額60億円

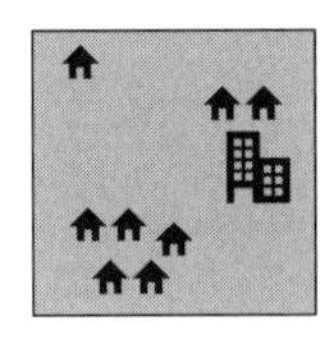

●パターン4
モバイル系で100%カバー

＝固定系(ワイヤレスも活用)のカバーエリア
＝モバイル系(モバイル網固定電話)のカバーエリア

出所：NTT

ＮＴＴは２０２４年４月23日に開催された総務省のユニバーサルサービスＷＧで、かねて予告していたモバイルを軸にしたユニバーサルサービスに変更した場合のコスト試算結果を披露した。国民負担をどれだけ抑えられるのかを見せることで、ＮＴＴ提案の正当性を裏付けようとしたのだ。

試算の前提としたのが、ＮＴＴがメタル回線の維持限界とした２０３５年の状況だ。電話のユニバーサルサービスについて、固定電話の利用者が約５００万回線まで減少したとして、その利用者を以下の４パターンの手段で引き継いだ場合の収支を比較した。

パターン1は、光回線を使った固定電話によって電話のユニバーサルサービスを引き継ぎ、全国の世帯カバー率100%を達成するケースである。このケースでは固定網の維持・運営コストが高くなることから、年間赤字額は770億円に上る試算結果となった。

パターン2は、固定系とモバイル系の両面で電話のユニバーサルサービスを引き継ぎ、全国世帯カバー率100%を達成するケースである。モバイル系でもカバー率100%を達成することで、固定地点だけでなく居住エリアでも電話を利用できるようになるメリットも生まれる。

固定系では、光回線を使った固定電話に加えて、現在一部地域だけに認められている無線を使った「ワイヤレス固定電話」を全国展開できると仮定した。ワイヤレス固定電話とは、NTT東西が携帯電話事業者から携帯電話事業者の設備を借りてサービス提供する形態である。2020年の制度改正によって、メタル回線が老朽化し、再び敷設することが非効率な地域に限って提供が解禁された。NTT東西は2024年4月から実際にこのワイヤレス固定電話の提供をスタートしている。

モバイル系では、NTTドコモが提供する「homeでんわ」のような、携帯電話網を活用しながらも固定電話番号を利用できる固定電話サービス(モバイル網固定電話)によってユニバーサルサービスを引き継ぐケースを想定する。これら固定系とモバイル系を合わせたパターン２の収支は、パターン１と比べて半分以下となる年間３２０億円の赤字となった。

パターン３は、固定系とモバイル系のいずれかを適材適所で割り切って使い、全国世帯カバー率１００％とするケースである。光回線を使った固定電話をできるだけ広げ、どうしても採算が取りにくいところをモバイル網固定電話などでカバーすることを想定する。モバイル系ではカバーしづらいビル陰などは固定系でカバーする。このケースの試算では赤字がかなり減少し、年間30億円の赤字となった。

最後のパターン４は、モバイル系で全国世帯カバー率１００％を目指すケースである。ビル陰など電波が届きにくいところだけは固定系でカバーする。こちらの収支は年間60億円の赤字だった。

いずれのパターンにおいてもＮＴＴ東西の責務は残る。パターン２と４については、携帯電話事業者に対しても責務が求められるケースとなる。

ＮＴＴは試算結果によって、光回線で全国世帯に１００％広げるよりも、モバイルを活用したほうが国民負担は軽くなるという大枠を示したかったという。だが当初、試算の前提となる詳細な数字を開示しなかったことで、またしても構成員からの集中砲火を浴びることになった。

「数字の根拠が十分に示されておらず、結果の数字だけが独り歩きしてしまう。これでは制度見直しの議論が十分にできない」

「根拠のない数字を議論しても、これでは納得感がない」

「検証ができない状態で数字が出てきていることについて、数字が独り歩きすることを非常におそれている」

作業部会に参加する構成員からは、NTTの試算結果に対するこのような疑念の声が続出した。作業部会の主査からは「算定根拠がないものに基づいて議論しても全く意味がない。数字が独り歩きしてもミスリーディングだ。まずは算定根拠をはっきり出していただきたい。試算結果はあくまでNTTの考え方であり、これを基に議論が進むものではない。検討の範囲をきちんと決めて、地に足のついた議論を進めたい」と、強い口調でNTTの発表に不快感を示す異例の場面もあった。

「これまでのＮＴＴらしくない。よくこんな荒っぽい試算結果を出したなという印象だ」
「綿密な制度対応をするＮＴＴにしては乱暴な議論になっている。どうなっているのか」

筆者の取材に対し、作業部会に参加する構成員や競合他社の幹部らは一様に首をかしげた。ＮＴＴで総務省対応の役割を担ういわゆる「制度屋」は、法制度を熟知しており、綿密で鉄壁の論陣を張るのがこれまで常だった。その制度屋が、今回のＮＴＴ法見直し、特にユニバーサルサービスの議論では、明らかに無理筋で荒っぽい論戦を吹っかけている。「そもそも論」といえば聞こえはよいが、法制度を熟知した制度屋が、実現困難な提案であることを理解していないわけがない。

あえて荒っぽい議論を仕掛けたＮＴＴの真意はどこにあるのか。

筆者は、今回のＮＴＴ法見直し議論を担当した「制度屋」である、ＮＴＴの服部明利執行役員経営企画部門長にその疑問をぶつけた。

「ＮＴＴ法は手直しを繰り返したとはいえ、根幹が変わらないまま制定から約40年維持されてきた。大手術は何度もできない。ユニバーサルサービスはどうあるべきか。議論を矮小化するのではなく、相当将来を見越して本質的な議論をした上で制度設計に入るべきだと思っていた。（我々の提案の）ハードルが高い点は、私たちも理解している。ただ我々が申し上げないと、現状の小変更になってしまうという意識があった」

服部執行役員は筆者の取材に対してこのように答えた。「乱暴な議論」は、約40年ぶりの機会であることから、将来を見据えて論点を矮小化しないように意図的に仕掛けたということだ。

とはいえＮＴＴの提案の肝である、携帯電話事業者にも退出規制などの責務を負わせる点は、民間企業への私権制限という憲法や民法の問題につながる。実現の難しさは議論の大小にかかわらず、変わらないのではないか。

この点について服部執行役員は、「それもやりようがあるのではないか。携帯電話網は現在、国内では4社が構築しているが、過去40年を振り返ると、プレーヤーは入れ替わっている。プレーヤーが変わることを念頭に置き、全体としてはカバレッジが維持されるような制度設計の工夫の余地はある」と主張する。

同じくＮＴＴ法見直しを担当する「制度屋」である、ＮＴＴの城所征可経営企画部門統括部長も「憲法違反だからといって携帯電話事業者に責務を負わせることが無理ということになると未来永劫、携帯電話事業者には責務を課せられないことになる。制度論から入ってダメになると、すべての可能性が否定されてしまう。それは不幸なことだ」と続ける。

では、作業部会の構成員から「算定根拠がないものに基づいて議論しても全く意味がない」と批判された、不十分な前提条件のまま示された４パターンの試算結果についてはどんな意図があったのか。

服部執行役員は、「前提条件なしで数字を出したつもりはない。総務省の作業部会に与えられたのが20分の説明時間だった。まずは大枠を理解してもらうように、そぎ落としていくとあの形になってしまった」と弁明する。

その後の作業部会の会合でＮＴＴは、詳細な算定根拠を追加資料として提出した。ただモバイルを軸にしたユニバーサルサービスに変えるべきだというＮＴＴの提案は、時期尚早として作業部会の構成員から多くの理解は得られなかった。電話のユニバーサルサービスの検討は、引き続き固定地点における世帯利用をターゲットとして進めることになった。

ただし、ユニバーサルサービスの維持・運用にモバイル網をさらに活用し、国民負担を減らしていくという方向感は、構成員の間で熟成された。後から振り返ると、ＮＴＴが仕掛けた「乱暴な議論」は、より大きな論点を提示することで、条件闘争を有利にしようという作戦だったように見える。

ＮＴＴ東西の現実

ではＮＴＴが条件闘争を有利に働かせるために求めていたのは何だったのか。ＮＴＴは明言していないが、筆者は「ＮＴＴ法の廃止」が目的ではなく、ＮＴＴ東西の救済に向けた道筋をつけることが真の狙いだったと見ている。

第１章で触れたように、「破壊者」と呼ばれた前社長の澤田純氏の体制以降、ＮＴＴグループは大きくその姿を変えた。海外事業の再編に始まり、ＮＴＴドコモの完全子会社化による新生ＮＴＴドコモグループの誕生、そして２０２３年７月には新生ＮＴＴデータグループがスタートした。

ＮＴＴドコモグループは、ＮＴＴコミュニケーションズの法人事業を統合し、新たな成長に向けて軌道が見えてきた。ＮＴＴデータグループも海外事業の再編によって売上高が４兆円の大台を突破し、長らく国内トップを維持してきた富士通を逆転した。海外事業の構造改革を進め、さらなる成長に向けて形が整い始めている。

ＮＴＴグループはここ数年で、ＮＴＴ法による業務範囲規制が及ばない分野において組織再編を進め、成長への土台をつくった。グループ内に残る主要事業会社は、ＮＴＴ法や電気通信事業法で多くの規制が課せられたＮＴＴ東西である。ＮＴＴ法の見直しを契機として、いよいよ業務範囲規制があるＮＴＴ東西の課題に切り込もうとしたのではないか。

「ＮＴＴ東西は不断のコスト削減を続けているが、経営環境が悪化している。ＮＴＴ東西がネットワーク基盤を維持していくためには、抜本的なコスト改革が必要になる」。島田氏は、かねてＮＴＴ東西の経営環境についてこのような発言を繰り返してきた。

ＮＴＴ東日本とＮＴＴ西日本は、ＮＴＴの分離・分割によって１９９９年7月に設立された地域通信事業を担う事業会社だ。ＮＴＴ東西には、ＮＴＴ法や電気通信事業法に基づいて多くの規制が課せられている。

厳しい規制が課せられているのは、旧電電公社から受け継いだとう道や管路、電柱といった線路敷設基盤が、競合を含めて通信サービスを提供するためには不可欠という独占性を持つからである。光回線の設備シェアも7割に達していることから、電気通信事業法に基づいて他社に公平に貸し出さなければならない。NTTが担う「公共性」という役割を背負っているのがNTT東西である。

こう見るとNTT東西は、分離・分割前のNTTの巨大性・独占性を引き継いだ、極めて競争力のある企業のように見える。しかしビジネスの現況を見ると、独占性は残る一方で、苦しい経営事情も浮かんでくる。

NTT東日本の直近の売上高は約1兆7000億円。発足時の約2兆8000億円の売上高から約4割が減った計算になる。NTT西日本も同様で、現在の売上高は約1兆5000億円と発足時から5割近く減った。

理由は、かつてNTT東西の主力事業だった固定電話の契約数が減り続けているからである。NTT東西の直近の固定音声電話収入は、毎年200億~300億円規模で減り続けている。

固定電話の減収を光回線や地域の法人向け事業で補うのが、ＮＴＴ東西の基本的な経営戦略である。しかし毎年数百億円規模の減収を埋めるのは並大抵ではない。そのためＮＴＴ東西の業績が増収となる年は設立以来ほとんどなく、ＮＴＴ東日本は発足から３回、ＮＴＴ西日本はわずか２回にとどまる。

事業環境的に減収傾向を止めるのは難しい。そのためＮＴＴ東西は、もっぱらコスト削減によって増益を維持する経営を進めてきた。特に大きな利益改善の一手となったのが、２０１５年に始めた光回線の卸提供モデル「光コラボレーションモデル（光コラボ）」だ。ＮＴＴ東西が一般消費者向けに「フレッツ光」などの光回線を直接販売する小売りをやめ、ＮＴＴドコモやソフトバンクなどパートナーとなる事業者に光回線を卸して、自らは黒子になるモデルである。小売りをやめたことで販促費が減り、営業利益が一気に改善した。

ただここに来て、こうした従来型のアプローチが曲がり角を迎えていることが明らかになった。これまで固定電話減収を補う一翼を担ってきた光回線の伸びに、急ブレーキがかかってきたのだ。

２０２３年度のＮＴＴ東西合わせた光回線の純増数はわずか8万件にとどまった。マンション向けの光回線に限れば、約10万件の純減である。３年前の２０２０年度は、新型コロナウイルス禍で企業のテレワーク需要によって光回線の特需が訪れ、ＮＴＴ東西合わせて約80万件の純増を記録していたのとは大違いだ。

「光コラボの導入によって営業活動をやめてしまったので、新しくできたマンションや賃貸住宅などに（ＮＴＴの）光回線が入っていないケースがあった。もう一度、営業をかける。光のビジネスはまだ諦めていない」

NTT東日本の澁谷直樹社長
（撮影：加藤康）

ＮＴＴ東日本の澁谷直樹社長は光回線の落ち込みの背景をこう打ち明ける。

ＮＴＴ東西の増益を支えてきたコスト削減効果も薄れてきている。２０１８年度や２０１９年度

は東西合計で１０００億〜１３００億円規模のコスト削減を生み出したが、直近では「電気料金などの高騰といった特殊要因を除けば東西合計で２００億円規模の削減効果にとどまる。従来型のコスト削減は限界に近づいている」とＮＴＴ西日本の北村亮太社長は打ち明ける。北村氏は「仕事のやり方を抜本的に見直すしかない。ＤＸ（デジタルトランスフォーメーション）やＡＩ（人工知能）を活用してオペレーション改革に取り組む」と続ける。

危ういバランスでなんとか増益を維持してきたＮＴＴ東西の経営環境が、いよいよ崩れかかっているのが今の状況というわけだ。

そこに電話のユニバーサルサービスとしての提供責務が課せられている、メタル固定電話の赤字が重くのしかかる。ＮＴＴは総務省のヒアリングで、現在、年３００億円のメタル固定電話の赤字が、２０３５年には年９００億円規模まで拡大すると訴えた。

このままではＮＴＴ東西の経営環境は悪化するばかりだ。ＮＴＴは、ＮＴＴ法の見直しに合わせて、電話のユニバーサルサービスを時代に即した形へと見直すと共に、ＮＴＴ東西の状況を持続可能な形へとつくり変えたかったのではないか。一気にモバイルを軸にしたユニバーサルサービスへつくり変えることは難しいが、規制緩和によって不採算地域でモバイル網を活用した固定電話を活用できるようになれば、NTT東西の赤字を抑えることが可能だ。

NTT東西の売上高は年々減っているとはいえ、今でもグループ全体の売上高の約2割、営業利益の2割強を占める。今後、NTTグループは、次世代情報通信基盤「IOWN（アイオン）」関連で大きな投資が必要になる時期が訪れる。このタイミングで、残された課題であるNTT東西の問題に踏み込むことは、ある意味、グループ経営を考えると必然だったと見られる。

実はNTT東西の規制緩和を求めるのに、2024年は絶好のタイミングでもあった。NTTが10年越しで準備を進めてきた、固定電話網（PSTN）をIP網へ移行する作業が、ちょうど2024年1月に始まったのだ。これまで固定電話網で発信側と着信側をつなぐ役割を担ってきた交換機が保守限界を迎えることから、インターネットで使われるルーターを使って音声中継する仕組みに切り替える作業である。

ＮＴＴが最初に固定電話網の切り替えを表明したのは２０１０年11月。ＮＴＴ東西の固定電話網は、ＫＤＤＩなど他社の電話網とも相互接続されている。ＩＰ網への移行によって接続方法も変わることで、関係する事業者や業界団体と数多くの調整が必要になるため、10年越しの準備となった。

メタル回線を撤去した場合、NTT局舎にある
巨大な設備もいらなくなる（撮影：加藤康）

多くの年月をかけて移行スケジュールが固まり、ついに交換機の切り替え作業が始まろうとしていた直前の２０２４年１月１日、なんと能登半島地震が発生した。作業続行が危ぶまれたが、関係者間で迅速に調整が進み、予定通り作業が進むことになった。

交換機の移行作業に先駆けて、ＮＴＴ東西は新たな固定電話の料金体系へと切り替えた。インターネットで使われるＩＰ網は距離に依存しない仕組みのため、電話料金を全国一律

3分間当たり9・35円としたのだ。それまでのNTT東西の固定電話料金は、距離に応じて料金が変わる仕組みだった。

電話網を距離に依存しないIP網へと切り替えたことで、NTT東西の業務範囲をNTT法において県内通信に限定している根拠が成り立たなくなった。NTT東西に課せられた業務範囲規制の緩和を求めやすい絶妙のタイミングということだ。もちろん「特別な資産」を持つNTT東西の規制が全くなくなることは考えられない。しかし少しでも規制緩和を得られれば、NTT東西の経営環境にとってはプラスになる。

実際NTTは、NTT法見直しの取りまとめに向けた作業が進むにつれて、「NTT法は結果的にいらなくなる」といったような、これまでのような強硬な姿勢を見せなくなる。これもNTTの真の狙いが「NTT法廃止」ではなく、NTT東西の救済であったことを物語るのではないか。

遠のくＮＴＴ法廃止

総務省におけるＮＴＴ法見直し第２ステップの取りまとめは２０２４年夏を予定していた。その時期が近づくにつれて、ＮＴＴ法を廃止することが難しいという現実も明らかになってきた。

例えばＮＴＴ法において、ＮＴＴ持ち株会社の外国人等の議決権保有の割合を３分の１以下とする外資総量規制について。この論点は、３つの作業部会の１つである「経済安全保障ＷＧ」が主に検討してきた。

ＮＴＴは経済安全保障ＷＧの議論において、外資総量規制は投資の自由を制約することから世界的にも廃止が原則となっており、モバイルやインターネットが主役になる中でＮＴＴのみを特別に規制する合理性は失われていると主張。他の事業者も含めた主要通信事業者を対象に、外為法などで個別の投資審査を強化すべきだという論陣を張った。

これに対しＫＤＤＩやソフトバンクなどは、ＮＴＴ東西が持つ線路敷設基盤は、モバイルやインターネットを含めてあらゆる通信を支える日本の通信の根幹であり「ＮＴＴが別格の存在として区別した扱いをされるのは当然」という主張を展開した。

通信市場全体を規律する電気通信事業法の制定時には、ＮＴＴ以外の通信事業者にも外資規制と外国人役員規制が課せられていた。だが１９９８年、ＮＴＴを除く外資規制はすべて撤廃された。前年に開催された世界貿易機関（ＷＴＯ）の基本電気通信交渉合意によって通信サービスは、外資を含む資本を活用しながら発展させていくことが国際ルールになったからだ。ＮＴＴ法に残る外資総量規制は、個別の国際交渉によって自由化の例外として留保された状態で残されている。

現在の世界情勢を鑑みると、少なくともＮＴＴに対する外資規制を撤廃することは考えられない。通信サービスは国家を支える基幹網だ。諸外国においても、経済安全保障上のリスクを踏まえてむしろ規制強化の方向に動いている。

そのため経済安全保障ＷＧでは、ＮＴＴ法における外資総量規制を、外為法などの個別審査の強化によって代替できるのかという点が最大の論点になった。

ＷＧの会合では、参加する構成員や外部の有識者から、ＮＴＴ法と外為法では目的と手段に大きな差があることが報告された。

ＮＴＴ法の外資総量規制は、国籍が外国人であれば、居住地が国内外を問わず対象になる。それに対し外為法の個別投資審査は、外国人であるかどうかは居住要件によって判断している。つまり日本に住む外国人による投資は対象外となるのである。こうした法律の詳細が明らかになるにつれて、作業部会の構成員の意見は、ＮＴＴ法の外資総量規制を他の法律に代替えすることは難しく、ＮＴＴ法から外資規制をなくす必要性もないという方向に傾いていった。


残るもう１つの作業部会である「公正競争ＷＧ」では、ＮＴＴ東西が保有する「線路敷設基盤」のあり方が大きな論点になっていた。

ＮＴＴ東西が保有するとう道や管路、電柱などの線路敷設基盤は、日本のほとんどの通信サービスが何らかの形で活用している重要設備だ。前章で紹介した通り、ＫＤＤＩやソフトバンクなどは、この線路敷設基盤を「特別な資産」と呼び、「特別な資産を保有したままのＮＴＴ法廃止は絶対反対」という論戦を繰り広げてきた。特別な資産を持ったままＮＴＴ法が廃止されると、ＮＴＴ東西の業務範囲規制も撤廃され、ＮＴＴ東西とＮＴＴドコモの統合も理論的に可能になる。KDDIやソフトバンクなど競合が最も危惧するのがこの事態である。線路敷設基盤のあり方は、公正競争の観点でも重要になっていた。

KDDIやソフトバンクなどは公正競争WGで、この線路敷設基盤に対する規制強化を訴えた。NTT法の第一四条には「NTT東西が持つ重要な通信設備を譲渡、または担保にしようとする時は総務相の許可を受けなければならない」という項目がある。実はここには、明確に線路敷設基盤が含まれていなかった。「災害や安全保障上の脅威に対して『特別な資産』を法的に保護し、我が国の通信の安全性・信頼性を確保することが必要。重要設備の譲渡・担保制限の対象として局舎等の線路敷設基盤が含まれていないことが課題だ。速やかに『特別な資産』を対象として制度化すべきだ」（ソフトバンク）と訴えたのである。

対するNTTは「線路敷設基盤については、NTT法ではなく、電気通信事業法や『公益事業者の電柱・管路等使用に関するガイドライン』において、安定的かつ公平な提供義務のルールが確立している」と防戦した。しかし作業部会に参加する構成員は、KDDIやソフトバンクなどが主張する規制強化の意見に傾いていった。

ＮＴＴ東西に厳しい規制が課せられている根拠は、競合他社が今からつくりあげることが不可能な線路敷設基盤を持つことに集約される。ＮＴＴを特殊会社として、ＮＴＴ法による私権の制限を正当化しているのも、この線路敷設基盤を持つことが最大の根拠となる。

だとすればＮＴＴ東西の持つ線路敷設基盤や光回線などアクセス部門を、ＮＴＴグループから構造的に切り離せば、ＮＴＴ法のくびきからも「公共性」の役割からも解き放たれる。本当の「普通の会社」になれるだろう。これが、ソフトバンクなどが公正競争ＷＧで主張したアクセス部門の完全資本分離案である。ソフトバンクは、分離されたアクセス部門について、ＮＴＴ法相当の規制を設けるものの、「特別な資産」を手放したＮＴＴには相応の規制緩和をしてもよいとした。

ＮＴＴ東西の業績が厳しいのであれば、規制の根拠となっている「特別な資産」をＮＴＴが手放すことで赤字増大から解放されるだろう。「公共性」の役割からも解放されて、「企業性」だけを追求する自由な会社として生まれ変わることができる。

だがＮＴＴは「ＮＴＴ東西のアクセス部門の資本分離は不要」と断固拒否する。その理由として、アクセス部門単体ではネットワークを高度化していくインセンティブが働かなくなり、設備構築や拡大が停滞するリスクを招くことを挙げる。

ＮＴＴにとってはこれまで日本の通信をけん引し、発展させてきたという自負もあるようだ。ＮＴＴ東日本の澁谷社長は、競合が「特別な資産」と呼ぶ線路敷設基盤について、「相当な苦労をして維持している。ほっておくと朽ちるインフラになってしまう」と打ち明ける。

例えばＮＴＴ東西が持つ線路敷設基盤の1つであるとう道。メタル回線や光ファイバーなどを敷設するために人が通れるようにした地下トンネルだが、「壁のコンクリートの中に鉄心が入っており、塩水が染み込むことで強度が落ちてくる」（澁谷氏）。強度を保つためにＮＴＴ東日本では、塩水によって酸性になった場所を調べ、アルカリ液が入ったチューブをコンクリートに挿すことで酸性を中和しているという。鉄心のサビを抑える取り組みだ。澁谷氏は「3年周期くらいで悪い場所を点検して、アルカリ液をとう道のコンクリートに注入している。とう道は構築されてから80年くらい経っているが、こうした取り組みを続けることで２００年は持つだろう」と語る。

電電公社から承継した線路敷設基盤は、単に設備を引き継いだだけでなく、維持やメンテナンスに相当な苦労をしている。手塩にかけた線路敷設基盤やアクセス網を、他社の運営に任せたくないという気持ちはよくわかる。

ソフトバンクなどが主張したアクセス部門の分離案については、公正競争ＷＧの構成員からも慎重な意見が目立った。設備投資が後退するおそれや、分離に伴うコストがかかる一方で、得られるメリットがそれほど大きくないからだ。公正競争ＷＧでは、線路敷設基盤については、引き続きＮＴＴ東西が維持する方向で話がまとまった。

3カ月の空白

１月にスタートした総務省のユニバーサルサービスＷＧと公正競争ＷＧ、経済安全保障ＷＧの３作業部会は、２０２４年７月までに論点整理案をまとめた。当初予定していた２０２４年夏ごろの報告書案の取りまとめに向けて、あと一歩のところまでコマを進めた。

しかし、ここからおよそ３カ月の空白が生じるのである。２０２４年８月中旬、岸田文雄首相（当時）が自民党総裁選不出馬を表明したからだ。自民党の次期体制が読めなくなり、ＮＴＴ法見直しに向けて２０２４年夏に報告書案を取りまとめるというスケジュールは事実上、先送りになった。

議論が本格的に再開したのは、石破茂新政権が10月1日に誕生した後の10月中旬である。石破首相が10月9日に衆院を解散し、15日公示、27日投開票という日程で選挙戦に突入していたタイミングだった。

衆院選に突入していた10月17日、18日、総務省の3作業部会は会合を開き、ようやくNTT法見直しに向けた報告書案を公表した。

3作業部会がまとめた報告書案は、いずれもNTTに対して多くの規制維持を求める内容だった。

例えばNTT持ち株会社の外国人などの議決権割合を3分の1未満とすることが課せられたNTT法の外資総量規制については、「NTTが電電公社から承継した全国規模の線路敷設基盤は、我が国の通信インフラ全体を支える公共的な役割を担っており、その経営から外国の影響力を排除することは重要」などと指摘し、維持することが適当とした。

NTT東西の線路敷設基盤についても「我が国の通信インフラ全体を支え、通信サービスの安定的な提供を確保する上で重要な役割を有すること等を鑑み、その譲渡等（処分行為を含む）は、適切な対象範囲を検討した上で、認可の対象とすることが適当」と、規制強化の方針を示した。ＫＤＤＩやソフトバンクなどが求めていた、ＮＴＴグループ内の会社合併を事前審査できるようにする点も、「審査できるようにすることが適当」として主張を認めたのだ。

ＮＴＴ法によってＮＴＴ東西に義務付けられている固定電話のユニバーサルサービスの提供についても、引き続きＮＴＴに対して多くの規律を課す方針とした。ただし一部で規制緩和も盛り込んだ。その1つが携帯電話網を使った固定電話サービスを新たにユニバーサルサービスに位置付けるという点だ。

携帯電話網を使った固定電話サービスの追加によって、複数事業者が連携してエリアカバーすることになる。これまでＮＴＴ東西には、ＮＴＴ法によって他の事業者がサービス提供している地域においても固定電話のユニバーサルサービスを「全国あまねく提供」する責務が課せられてきたが、これを他の事業者がいない地域に限って提供を義務付ける「最終保障提供責務」に緩和する。

最終保障提供責務に見直した場合、他事業者がサービスを提供する地域において、NTT東西はユニバーサルサービスの提供から撤退が可能になる。既存利用者の利益が阻害されるおそれがあることから、既存のメタル固定電話の利用者が残る区域では、NTT東西の業務区域の縮小を制限する規律を新たに課すべきだとした。

このほかNTT東西の業務範囲を県内通信としている点についても規制を撤廃し、東日本、西日本地域内における通信を媒介するサービスを提供する業務を基本とすることが適当とした。ただし公正競争上、大きな支障が起きる可能性がある移動通信業務やインターネットプロバイダー業務については、引き続き実施を認めないことを明確化するとした。

作業部会は、政策の方向性を整理することまでが役割であり、打ち出した方向性をどの法律で実現するのかは、別途進められる法制化の作業次第となる。ただし報告書案の内容を見る限り、電気通信事業法の改正や外為法関連法令の強化によって実現するのではなく、NTT法の維持を念頭に置いたような書きぶりが目立っていた。自民党のプロジェクトチーム（PT）が提言でまとめた「2025年の通常国会を目途に、NTT法を廃止」というスケジュールはどう考えても難しいと見られた。

「かなり総務省の意向に沿った報告書案という印象だ」

3作業部会の報告書案に目を通したNTTの関係者はこのように肩を落とした。一方、NTTと激しく対立してきたKDDIの幹部は、「総務省が有識者と共に議論を進め、まっとうな方向性を出してくれたと捉えている。報告書案の内容を見る限り、NTT法廃止が難しくなったと見ている。だがまだ油断はできない。NTT法が廃止されることがないように、引き続き意見を述べていきたい」と語った。

ある業界関係者は「衆院選が行われているこのタイミングに、あえて総務省が報告書案を示したのではないか」と見る。政治の意向をできるだけ受けにくいタイミングを総務省が狙ったという指摘だ。

前章で紹介した通り、今回のNTT法見直しの議論は、自民党の実力者である萩生田光一元自民党政調会長や、自民党PTの座長を務めた甘利明元自民党幹事長の意向が大きく働いたとされる。総務省はNTT法廃止に慎重な姿勢を見せていたものの、自民党PTの提言に見られるように、最終的には党の実力者の意向によって押し切られた形となった。

10月に行われた衆院選では、NTT法見直しの議論をリードした萩生田氏や甘利氏の苦戦が報じられていた。萩生田氏は、自民党派閥裏金問題を受けて党からの公認を受けられず厳しい選挙戦になり、かろうじて議席を守った。甘利氏は年齢制限によって比例代表への重複立候補ができず、小選挙区における議席獲得に望みを託したが、対立候補に敗れ国政を去ることになった。

先の業界関係者は、総務省の動きはこうした情勢を見据えたものではないかと勘ぐる。

❖　❖　❖　❖　❖

衆院選後の10月29日、3作業部会の親会に当たる総務省の通信政策特別委員会はNTTやKDDIなど通信大手4社へのヒアリングを実施した。作業部会がまとめた報告書案に対する意見聴取であり、ここではNTTの島田社長やKDDIの髙橋誠社長など通信4社のトップが再び顔をそろえた。NTTと反NTTの最終対決となったこの場で、通信大手4社はいずれも報告書案に対して、おおむね賛同の意見を述べた。

「まだまだ課題が残っているので、今の段階ではNTT法廃止は無理でしょう」

総務省委員会のヒアリングを終えたNTTの島田氏は、記者団に対して、あっさりこのように述べた。「我々は（NTT法）廃止が目的ではない。未来に向けた建設的な提案ができればよいと思っている。これからも継続して課題の解決に向けて議論に参画していきたい」。島田氏はこのように続けた。

総務省のヒアリング後、報道陣の取材に応えるNTTの島田明社長（撮影：筆者）

NTT東西に課せられる固定電話のユニバーサルサービスが規制緩和されることになった点について島田氏は、「非常によい結論になった。NTT法ができてから約40年で初めてユニバーサルサービスが大きく変わるエポックメイキングなタイミングだ」と、大きな成果につながった認識を示した。

島田氏の語り口は、「NTT法はおおむね役割を終えた」といったような以前の過激な主張からトーンダウンしていたのが印象的だった。これは、NTTにしてもこれまでの主張が無理筋だったことを重々承知で、ユニバーサルサービスの規制緩和などで有利な条件を引き出すことが真の目的だったことを物語るのではないか。あるいは政治の流れに乗り、あわよくばNTT法廃止につなげたいという希望があったのかもしれない。衆院選で政治情勢が変化したこともNTTのトーンダウンを招いた可能性がある。

総務省のヒアリング後、報道陣の取材に応えたソフトバンクの宮川潤一社長、KDDIの髙橋誠社長、楽天モバイルの三木谷浩史会長（撮影：筆者）

NTT法見直しの議論においてNTTと激しく対立してきたKDDIとソフトバンク、楽天モバイルの競合3社も、総務省の報告書案について賛同の意見を示した。

ヒアリングを終えたKDDIの髙橋社長は、「非常によい方向で意見がまとまった。特に線路敷設基盤の譲渡・処分の認可や、NTTグループ内の合併審査については、我々が望んできたことなので、よい形でまとめてもらったと感じている」と語った。
ソフトバンクの宮川潤一社長も、「いろんな意見のぶつかり合いでこの議論が始まったが、日本の通信の未来のためには落ち着くところに落ち着いてきたかなと思っている。この議論はあるべくしてあったのかもしれない。議論が始まったことについて、恨みつらみは全くない」と語った。

通信業界を二分した論争がようやく決着を見せた瞬間だった。

終章

41年目の転生

NTTは大きく変わった

総務省の規制に対して、NTTグループが先送り戦略で対抗するのは実に不毛である。対抗するなら、まずは自ら実現したいサービスを世に問うことを優先し、結果として必要のない規制があれば、その撤廃を求めていくのが筋ではないだろうか。そうしないと、通信産業に成長はない。

（中略）

NTTが自ら意志を示さずに総務省の出方を伺っているという現状は、「官僚主導によってNTTがNTT自身の将来が左右されることを容認する」という依存体質を表している。そうではなく、自らの創意を発露させて成長することを求められているのだ。

この文章は、筆者が長年在籍した日経BPの通信専門誌「日経コミュニケーション」（2017年休刊）が2009年に出版した書籍『NTTの深謀』（日経BP）からの引用である。

この本で述べている２００９年当時のＮＴＴは、序章でも触れたように、その組織力を駆使して現状維持に力を注ぐような極めて内向きな組織だった。当時のＮＴＴは国内市場の売り上げがほとんどを占め、総務省による規制強化が売り上げ減少に直結するおそれがあった。そのため勝ちすぎず、あえて不振を装うような動きを見せていたのである。

技術も財力も人材も兼ね備えたＮＴＴグループが、このような事なかれ主義に終始していてよいのか。日本の通信産業のグランドデザインを自ら示して世に問うべきではないか――。このようにＮＴＴを徹底的に批判したのが、この本だった。

当時と比べると、現在のＮＴＴは大きく変わった。かつての事なかれ主義は消え、自らが実現したい姿やサービスを積極的に世に問うようになった。次世代情報通信基盤「ＩＯＷＮ」によって世界の情報通信産業を塗り替えようと果敢にチャレンジしている。ＮＴＴ法見直しの議論においては、総務省を中心とした「通信ムラ」の秩序を乱すことも意に介さず、自らに課せられた規制の撤廃を求めたり、「そもそも論」を吹っ掛けたりするようになった。

今のＮＴＴには、かつて日経コミュニケーションが徹底批判したような内向きな態度は見られない。日本の情報通信産業をけん引し、持続可能な形へつくり変えていこうとする意志が見られる。これは日本の情報通信産業にとって歓迎すべき変化だろう。

このようなＮＴＴの変化には、本書で紹介してきたように、前社長の澤田純氏や現社長の島田明氏がこれまでの社内体質を徹底的に「破壊」し、経営改革を断行した点が大きく影響している。

だが筆者はそれ以外にも大きな要因があると見ている。従来型の通信ビジネスに頼っているだけでは、いよいよＮＴＴの成長が難しくなった点である。民営化当初の約40年前、ＮＴＴの収入の8割以上を占めていた固定電話の音声収入は、２０２３年度には携帯電話音声収入を含めて全体の13％まで減った。もはやＮＴＴは「電話」の会社ではない。海外を含めたシステム構築が収入の4割弱を占めるように、実態はＩＴ（情報技術）関連企業だ。

「いずれ携帯電話も光回線も、現在の固定電話と同じような収益悪化のフェーズに入る」

ＮＴＴグループの複数の幹部からは、このような言葉が漏れる。通信サービスは急速にコモディティー化しており、売上高13兆円の企業グループをさらに発展させるためには新たな事業領域を開拓する必要に迫られている。現在のＮＴＴが、システム構築から再生可能エネルギー、データセンター事業、デバイスメーカーなど、多様な顔を持つコングロマリットへと急速に変化しているのは、その危機感の表れだ。

２００９年のＮＴＴは、まだ全体の５割近くを旧来の音声関連サービスが稼ぎ出していた。当時のＮＴＴには「電話的価値観」が色濃く残っており、課題を先送りしたほうが経営的にも組織的にも最適解だったのだ。

だが２０２０年代半ばとなり、環境変化によって、いよいよＮＴＴも変わらざるを得なくなった。ＮＴＴが「官僚よりも官僚的」と言われたメンバーシップ型の人事制度を撤廃したことは、「電話的価値観」と完全に決別したことに他ならない。計画経済のように通信インフラに設備投資し、利用料金を回収する「電話」のビジネスモデルは、組織の運営力や調整力が試され、メンバーシップ型の人事制度が適していたからだ。

ＮＴＴが持つ巨大な顧客基盤からキャッシュを生み出す力や全国に広がる設備、そして人材と技術力は、今も昔も日本の情報通信産業のトップクラスだ。ＮＴＴはその力を、新たな事業領域における成長に向けたいと考えている。ＮＴＴの澤田会長は、これまでＮＴ

T法は、「NTTを心理的に通信、さらにNTT東西に縛ってきた」と指摘する。

NTTの「企業性」を発揮するための足かせとなっていた、NTT法における研究開発の開示義務、外国人役員の規制、役員選解任の事前認可などは、2024年4月の法改正によって撤廃・緩和された。国境を超えて米GAFAMのような巨大テック企業が通信レイヤーにも進出する時代、日本のデジタル赤字はますます拡大している。足かせを解かれたNTTは、持てるポテンシャルを最大限に発揮して、世界に再び存在感を示してほしい。

「公共性」の起源

一方で、NTT法のあり方を巡る激しい論争から、NTTに変わらず求められる「公共性」の役割についても再確認された。他の事業者がいない地域に限って全国一律サービスであるユニバーサルサービスを提供する義務や、NTT東西が旧電電公社から承継した「特別な資産」である線路敷設基盤を守っていくことである。

NTTに引き続き課された「公共性」の役割とは、国を支える神経網とも言える通信網と線路敷設基盤を引き続き、維持・発展させるということに尽きる。

ユニバーサルサービスを最終保障する役割を担う企業は、経済合理性が成り立たない地域においてもサービスを提供する責務を負い、退出規制が課せられる。企業の私権を制限する役割を引き続きＮＴＴに課す根拠とされたのが、他の事業者が同規模の設備の構築が事実上不可能な、電電公社から承継した線路敷設基盤を保有することだった。

ユニバーサルサービスをどのような形態で構築・提供していくのかについては、実は電信・電話が始まった明治期のころから何度も繰り返されてきた大きな論点でもある。日本の電信事業は１８６９年（明治2年）、官営で始まった。成立直後の明治政府にとって日本各地で起きていた内乱の情勢をいち早く把握することが必要不可欠であった。特に１８７７年（明治10年）に起きた西南戦争では、地方の情報を瞬時に中央政府に伝えるために電信が果たした役割が大きかったことがよく知られている。全国に広がる電信網は政府軍にとって大きな武器であり、国造りの一環でもあった。日本の通信は軍事と結び付いた「公共性」によって、官営の形態で始まったわけだ。

だが電信の次の技術として我が国に到来した電話については、その提供形態について、民営か官営かの対立があったことはあまり知られていない。

1883年、工部省（現総務省、経済産業省、国土交通省）は官営による電話交換業務を伴う電話事業の創業を求めた。一方で中央政府（太政官）は民営による検討を指令したのである。明治政府は当時、日本各地で続いていた内乱鎮圧のために、多額の軍事費を拠出しており緊縮財政を余儀なくされていた。そのため巨額な資金が求められる電話事業について、民営によって構築できないか打診したのだ。民営による電話事業設立を推進したのが、近代日本経済の父と称される実業家の渋沢栄一と言われている。

最終的には逓信省（現総務省）による「民営を認めれば営利追求によって、電話架設が都市部に偏重してしまい、電話普及に大きな地域格差が生じる」「電話事業は必然的に独占的性格を持つので、民営に委ねれば利益追求の立場から加入料や通話料が高額になり、電話施設の維持保全を手抜きしたり、技術改善に熱意を示さなくなったりする危惧がある」といった主張により1889年（明治22年）、日本の電話事業は官営によって始まることが決まった。逓信省が官営の論拠とした項目は、現在のユニバーサルサービスのあり方の論点と全く同じである。

こうして翌1890年（明治23年）に官営で始まった日本の電話事業だが、実は数年後に早くも民営化論が再燃する。理由は１８９４年（明治27年）に起きた日清戦争による軍事費増大だった。政府の財政が逼迫し、電話の架設が停滞していたのだ。

もっとも当時の国会において、民営化された場合、「全国電話網の敷設において統一性を欠くおそれがある」「採算が合わない地域には電話網が敷設されない危惧」といった懸念が示され、官営が維持されることになった。

日本工業倶楽部に残る電話交換創始の碑
（撮影：筆者）

その後も戦前の軍事費増大に伴って、何度も電話民営化論は浮上しつつも消えていく。それは２０２３年に防衛財源論を発端として突如スタートしたＮＴＴ法見直しの動きとの奇妙な相似を感じずにはいられない。そして、「公共性」の役割を民営に委ねることの難しさも示している。

第2次世界大戦後、荒廃した国内の通信インフラを復興させるために政府は、公社による独占事業によって電信電話事業を運営することを決めた。根拠としたのが「事業の基本的性格である公共性、技術的統一性、自然独占性、および、事業の現状に鑑み、最大限に民営的長所を取り入れた公共企業にすることが適当」(1949年の電信電話復興審議会の答申)という点である。戦後の通信インフラの復興においては、二重投資を避ける上でも、公社による独占形態が望ましいとされたわけだ。

こうして1952年にNTTの前身である日本電信電話公社が、国内通信事業を担う独占体として設立された。電電公社の目的は、日本電信電話公社法の第一条「電気通信事業の合理的かつ能率的な経営の体制を確立し、公衆電気通信設備の整備及び拡充を促進し、並びに電気通信による国民の利便を確保することによって公共の福祉を増進する」や、公衆電気通信法の第一条「合理的な料金で、あまねく、かつ、公平に提供することを図ることによって、公共の福祉を増進することを目的とする」に明記されている通り、電話のユニバーサルサービスを提供するという「公共性」が最重視された。

電電公社は、電話を申し込んでもなかなか架設してもらえない状態を解消する「積滞解消」と、どこへでもすぐにつながる「全国自動即時化」を設立以来の二大目標とした。いずれの目標も1970年代末には達成。この時点で全国の世帯100%をカバーするメタル固定電話のユニバーサルサービスが完成した。

メタル固定電話の全国世帯100％カバーが達成され、電話の維持モードへと移る中、公社形態による弊害も指摘され始めていた。巨大独占体であったことからサービス精神が欠如し、当時、新たな技術として注目を集めていた光ファイバーや衛星通信による通信の高度化など、顧客の多様なニーズに十分対応できていないといった指摘である。

そこで政府は1981年、第2次臨時行政調査会（いわゆる土光臨調、以下臨調）を設置。電電公社のあり方などについての議論を開始した。1985年のNTT発足や通信自由化につながる大きな節目となったのが、1982年7月の臨調第3次答申（基本答申）である。答申では、①電電公社の経営合理化・民営化、②競争導入による独占の弊害除去、③経営管理の限界に配慮した規模の適正化、を挙げ、これが後に続く通信改革の基本的な方向性となった。

最終的に公社から民営の特殊会社であるNTT発足に至るまでは、当然反対意見も出た。ここでも懸念として挙げられたのは、またしても「公共性」を維持できるかどうかという点である。

電電公社の民営化に伴っては、離島やへき地などの不採算地域におけるサービスが確保されるのか、また料金格差が生じないかという点が最も大きな懸念点となった。しかし電電公社時代にほぼメタル固定電話の全国世帯100%カバーを達成し、これからは電話網を維持するモードとなった点、そしてNTT法によって、NTTに対して電話のユニバーサルサービスを「全国あまねく提供」する責務を課すという法的担保から、民営化に対する反対意見は抑えられた。

このように振り返ると、我が国の通信インフラのあり方における最大の論点は、いつの時代も「公共性」をいかに維持・確保していくのかという点だったことがわかる。

2035年の挑戦

今回のNTT法見直しの議論では、NTTに対し「公共性」を維持することを求める一方で、「企業性」も最大限発揮することを期待して、規制緩和を施した。第1章で触れた澤田氏の考え方のように、NTTは「公共性」と「企業性」を同時両立することがこれからも求められるわけだ。ＮＴＴが、日本の通信インフラを支える線路敷設基盤を保持する限り、どこまで行っても「公共性」の役割が消えることはない。

一連の論争においてＮＴＴが主張した、日本の通信インフラを最終的に支える義務を、ＮＴＴだけに任せる形がよいのかという点は、引き続き論点になるだろう。通信自由化以降、日本の情報通信産業は大きく発展した。携帯電話についていえば、大手３社のシェアは拮抗している。いずれユニバーサルサービスについては、モバイルを軸とした形へ見直していくことが利用者の利便性の点では自然だ。

その場合、電気通信事業法や電波法といった既存の法体系を抜本改正していくことは不可欠となる。今回のＮＴＴ法見直しの議論では、既存の法体系を補完する使い勝手のよい法律として、企業の私権制限を正当化できるＮＴＴ法に頼ったという風にも見える。だが既存の法体系ありきを前提として、利用者の利便性が損なわれたり、公共の福祉の増大の妨げになったりするようであれば本末転倒だ。特に電気通信事業法については改正を重ねて、増改築を繰り返した温泉旅館のように、非常に見通しが悪い法律になっている。利用者視点からも抜本改正が必要な状況と言える。

今回、NTTがメタル固定電話の維持限界を2035年としたことで、電電公社時代から続く電話のユニバーサルサービスの見直しにおいては、2035年が次の節目になることが見えてきた。

国民負担をできる限り軽くしていく視点では、まだ1500万契約も残るメタル固定電話の利用者をいかに代替サービスへと移行させ、メタル回線の維持コストを抑えていくのかが、次の10年の国家的な課題となるだろう。

メタル回線の移行が本格化する2020年代後半から2030年代初頭にかけて、NTTはIOWN第3世代の光電融合デバイスに大規模な投資も実施する見込みだ。この時期にNTTは攻めと守りの両面で経営力を試されることになる。

ソフトバンクの宮川潤一社長は「NTTがいろんなことにチャレンジしたいのであれば頑張ればよい。しかし国民の通信を支える『特別な資産』をベースにしてはいけない。NTTはIOWNで光半導体まで事業を広げようとしているが、半導体は業績が非常にぶれる事業。他の事業の失敗を料金の引き上げなどに巻き込んではいけない」と語る。NTTが事業ポートフォリオを広げること自体は否定しないが、仮に失敗した場合、NTTが持つ役割である国民の通信基盤に影響を及ぼしてはいけないという指摘だ。

変わろうとする意志、そして変わらず求められる役割――。ここでもＮＴＴは対立する概念を同時に両立することが期待される。

改正ＮＴＴ法の施行によって、ＮＴＴは「普通の会社」として、監督官庁による認可を得ずに様々な意思決定をできるようになった。だがＮＴＴは、単なる「普通の会社」で終わっては困るのだ。ＮＴＴ法のくびきを一部解かれたことで、ＮＴＴは日本の情報通信産業にとって、今後さらに大きな役割を担うことが期待されているのである。

❖　❖　❖　❖　❖

ＮＴＴの島田社長は、２０２４年4月に施行された改正ＮＴＴ法によって、自らの判断で社名変更が可能になったことから、２０２５年を目途に「日本電信電話株式会社」という正式社名を変更する考えを示す。ＮＴＴはもはや電信サービスを提供しておらず、電話もメインの会社ではなくなった。改正ＮＴＴ法によって外国人役員規制も緩和された。おそらく２０２５年にはＮＴＴ持ち株会社初の外国人役員が誕生するだろう。設立から40周年の節目となる２０２５年、41年目に突入するＮＴＴは、名実共に生まれ変わる。

おわりに

本書は２０１７年以降、筆者が日本経済新聞、日経クロステック、そして日経ビジネスに執筆してきた記事をベースに、数多くの書き下ろしを含めてまとめたものだ。文中の所属や肩書きは、特別な注記がない限り、取材時のものに従った。

筆者が通信業界の取材を始めてから約20年が経つ。２０２５年に40周年を迎えるＮＴＴグループの約半分の年月を見てきたことになる。歴代幹部をはじめとして、ＮＴＴグループには本当に数多くの取材をしてきた。本書はそんな過去20年の集大成として、筆者がこれまで見て、聞いて、考えてきたことを最大限、盛り込んだつもりだ。ただ巨大で歴史のあるＮＴＴグループであるため、当然ながら本書で触れられたのはほんの一部にすぎない。文責はすべて筆者にある。

2023年半ばに突如、NTT法見直しの議論が巻き起こった時、筆者はこのタイミングに居合わせたジャーナリストの1人として、そこで何が起きたのかを歴史に残したいという使命感に駆られた。NTT法の見直しは、制度の詳細に踏み込む議論が多いため、どうしても専門的な語り口になりがちだ。だが本書で紹介したようにNTT法見直しの議論は、国民生活や社会経済活動はもちろん、民主主義を支える基盤としても大きな影響を与える。できるだけ多くの読者に、そこで起きたことを理解してもらえるように平易な言葉で、また論点が明確になるような構成を心がけた。

わかりやすく伝えるために筆者の主観も含む表現としたが、可能な限りフラットな視点で経緯を紹介したつもりだ。本書が歴史を刻む役割を果たせるかどうかは、読者の評価に委ねたい。

文末になったが、本書の執筆に当たってお世話になった多くの方に御礼を申し上げたい。日経ビジネスLIVE編集長という立場ながら本書の執筆に多くの時間を割けたのは、筆者が所属する日経ビジネス編集部のおかげだ。時には筆者の業務をカバーしてもらうなど、チームのみなさんには本書の執筆を暖かく支えてもらった。本書編集担当の日経ビジネス副編集長の竹内靖朗さんには、大幅な筆者の執筆の遅れに嫌な顔ひとつせず励ましをもらった。深い感謝の意を示したい。

そして家族の多大な協力なしには、本書は今も完成していなかっただろう。ここに挙げられなかった方々を含めて、ご支援いただいたすべての方に感謝を示したい。

2024年11月　堀越功

■主要参考文献

日本経済新聞電子版 https://www.nikkei.com/
日経ビジネス「通信のミライ」
https://business.nikkei.com/atcl/gen/19/00550/
日経クロステック https://xtech.nikkei.com/
総務省 情報通信審議会 通信政策特別委員会 会議資料
https://www.soumu.go.jp/main_sosiki/joho_tsusin/policyreports/joho_tsusin/tsusin_seisaku/index.html

石岡克俊 編著『コンメンタールNTT法』(三省堂、2011年)
多賀谷一照 監修　電気通信事業法研究会 編著『電気通信事業法逐条解説 再訂増補版』(一般財団法人情報通信振興会、2024年)
林秀弥・武智健二 著『オーラルヒストリー電気通信事業法』(勁草書房、2015年)
石岡克俊 編著『電気通信事業における接続と競争政策』(三省堂、2012年)

井上照幸 著『NTT 競争と分割に直面する情報化時代の巨人』(大月書店、1990年)
松永真理 著『iモード事件』(角川書店、2000年)
町田徹 著『巨大独占 NTTの宿罪』(新潮社、2004年)
大星公二 著『経営は知的挑戦だ』(経済界、2004年)
児島仁 著『怒りを発する者は愚か』(産経新聞社、2004年)
日経コミュニケーション 編『光回線を巡るNTT、KDDI、ソフトバンクの野望——知られざる通信戦争の真実』(日経BP、2005年)
日経コミュニケーション 編『2010年 NTT解体——知られざる通信戦争の真実』(日経BP、2006年)
宗像誠之 著　日経コミュニケーション 監修『NTTの自縛——知られざるNGN構想の裏側』(日経BP、2008年)
日経コミュニケーション 編『NTTの深謀——知られざる通信再編成を巡る闘い』(日経BP、2009年)
榊原康 著『NTT30年目の決断 脱「電話会社」への挑戦』(日経BP、2015年)
榎啓一 著『iモードの猛獣使い 会社に20兆円稼がせたスーパー・サラリーマン』(講談社、2015年)

澤田純 監修 井伊基之・川添雄彦 著『IOWN構想 インターネットの先へ』
（NTT出版、2019年）
堀越功 著『官邸VS携帯大手 値下げを巡る1000日戦争』（日経BP、2020年）
澤田純 著『パラコンシステント・ワールド』（NTT出版、2021年）
関口和一・MM総研 編著『NTT2030年世界戦略
「IOWN」で挑むゲームチェンジ』（日本経済新聞出版、2021年）
堀越功 著『通信地政学2030　Google・Amazonがインフラをのみ込む日』
（日経BP、2022年）
井上照幸 著『NTTの系譜　電電民営化過程の研究』（22世紀アート、2023年）
島田明・川添雄彦 著『IOWNの正体 NTT限界打破のイノベーション』
（2024年、日経BP）

日経ビジネス2024年1月15日号特集『目覚めるNTT』（日経BP）
日経コミュニケーション2014年7月号特集『NTTの逆襲』（日経BP）
週刊ダイヤモンド2020年12月12日号特集『NTT帝国の逆襲』（ダイヤモンド社）
週刊ダイヤモンド2024年1月20日号特集『NTT帝国の野望』（ダイヤモンド社）

■ 著者略歴

堀越功

（ほりこし・いさお）

2004年から通信専門誌「日経コミュニケーション」記者として通信業界を取材。通信専門ニューズレター編集長を経て、2017年から2020年にかけて日本経済新聞社企業報道部（現ビジネス報道ユニット）で通信分野を担当する。日経クロステック副編集長を経て2023年から日経ビジネス副編集長。2024年4月から日経ビジネスLIVE編集長。主な著書に『官邸VS携帯大手』『通信地政学2030』（いずれも日経BP）など。大学講師や政府委員も務める。

NTTの叛乱

「宿命を背負う巨人」は生まれ変わるか

2024年12月23日　第1版第1刷発行

著　者　　堀越 功
発行者　　松井 健
発　行　　株式会社日経BP
発　売　　株式会社日経BPマーケティング
　　　　　〒105-8308　東京都港区虎ノ門4-3-12
装　丁　　小口翔平＋後藤司（tobufune）
編　集　　竹内靖朗
ＤＴＰ　　isshiki
校　正　　円水社
印刷・製本　大日本印刷株式会社

ISBN 978-4-296-20546-2

本書籍に関するお問い合わせ、ご連絡は下記にて承ります。
https://nkbp.jp/booksQA